우주로 가기 위한

로켓

고이즈미 히로유키 지음
김한나 옮김

생각의집

시작하며

2022년 현재 우주 산업 분야는 수많은 신규 개발자들이 참여하는 새로운 시대에 들어섰습니다. 예전처럼 국가 우주기관이나 거대 우주 기업만 활약하는 장소가 아닙니다. 앞으로 우주에 커다란 생태계가 형성되어 우주가 모든 사람에게 활짝 열릴 것이라는 예감이 듭니다. 이런 때이기 때문에 좀 더 많은 사람들에게 꿈같은 이야기뿐만이 아닌 진짜 우주에 대해 알려줘서 우주에 관심을 갖게 하고 싶은 마음이 최근 들어 강해졌습니다. 실제로 우주를 좋아하는 사람은 매우 많습니다. 오히려 싫어한다는 사람은 본 적이 없어요.

우주로 날아가려면 꿈은 물론 방대한 과학과 기술이 필요한데 한편으로 그런 것이 '벽'이 되었습니다. 우주의 강력한 매력 중 하나는 멋진 경관입니다. 밤하늘의 별뿐만 아니라 수억 킬로미터나 떨어진 곳에서 탐사선이 찍은 영상과 깜짝 놀랄 만한 스케일의 발사 로켓 등 우주의 모습을 매력적으로 보여줄 요소는 얼마든지 있습니다. 이러한 매력들을 활용하면 우주 공학, 로켓 공학, 또 우주 탐사의 재미를 더 많은 사람들에게 전할 수 있을 것입니다.

2018년에 《우주는 어디까지 갈 수 있을까宇宙はどこまで行けるか》(주코신서)를 출간했습니다. 이 책의 편집자이기도 한 하타케야마 야스히데畠山泰英 씨

를 비롯해 주오코론신샤^{中央公論新社}의 편집자인 후지요시 료헤이^{藤吉亮平} 씨
와 함께 집필해서 만족스러운 책을 만들어낼 수 있었습니다. 여러 서
평이 올라왔고 기분 좋은 말도 들었습니다. 하지만 '그렇기는 해도 어
렵다'는 의견도 드문드문 보였습니다. 이러한 독자의 생각을 반영하고
싶었습니다. 그래서 이번에는 새롭게 임프레스 편집자 스기모토 리쓰
미^{杉本律美} 씨, 일러스트레이터 미키 겐지^{三木謙次} 씨, 디자이너 니시다 미치
코^{西田美千子} 씨, 아마나의 다키노 사토시^{瀧野哲史} 씨와 든든한 팀을 만들어
우주의 매력을 한껏 보여줄 수 있는 책을 제작하기로 했습니다. 이 책
에서는 인류가 우주에 진출하기 위한 입문서로서 우주와 로켓의 '기초'
를 설명했습니다. 현 시점의 우주 개발 실력과 앞으로의 우주 개발 방
향성이 그림으로 알기 쉽게, 또 즐겁게 전해지길 바랍니다.

고이즈미 히로유키

우리가
안내할게요!

로켓 전문가!
고이즈미 박사

우주에 가고 싶은
마사오

1장

우주는 어떤 곳일까?

우주는 '몸이 둥둥 뜨는 곳'이라고 하는 사람도 있는가 하면 '어둡고 추운 곳'이라고 하는 사람도 있을 것입니다. 정말로 그럴까요? 스마트폰으로 자신의 위치를 알 수 있게 해 주는 'GPS 위성'이나 '국제 우주정거장(ISS)' 등의 존재로 우주는 훨씬 더 가까이 느껴지게 되었습니다. 이 장에서는 손이 닿을 듯한 우주부터 아득히 먼 태양계 바깥까지 여행하며 진짜 우주의 모습에 다가가 보겠습니다.

로켓으로 갈 수 있군요!

1 교시

엄청
가까워진 우주

예전에 우주에 가기 위한 로켓은 미국이나 일본, 러시아 등 '나라' 가 자존심을 걸고 쏘아 올렸습니다. 그러나 최근 전 세계에 유망한 벤처 기업이 등장하면서 기술과 가격으로 서로 경쟁하며 우주는 새로운 사업분야가 되고 있습니다.

> 나도 우주에
> 갈 수 있을까?

 ## 1년 동안 로켓 20대를 쏘아 올리는 회사

우주를 순회하는 라이브 영상을 '유튜브(YouTube)' 등에서 손쉽게 볼 수 있게 되었습니다. 로켓 발사부터 '국제 우주정거장(ISS)'에 도착하기까지, 탑재된 카메라가 포착한 영상이나, 초소형 위성을 우주 공간에 방출하는 모습 등 노구치 소이치野口聡一 비행사의 해설이 첨부되었습니다. 노구치 씨 같은 우주 비행사가 입는 우주복은 스타일도 멋있고, 우주를 친근하게 느끼게 합니다.

최근 몇 년 동안 '민간 최초로 발사 성공', '민간 유인 우주선, 최초의 재사용' 등의 뉴스가 잇따르듯이 우주 개발 세계에서는 '민간'의 활약이 활발해져서 우주 개발의 흐름이 달라진 것을 실감합니다. 예전에는 나라의 자존심을 걸고 로켓을 발사했는데 현재는 상황이 완전히 달라졌습니다. 이러한 흐름 속에서 '스페이스X'는 가장 주목받고 있는 기업입니다. 로켓 발사 수는 연간 20대에 달하며 일부를 재사용하여 비용을 절감해 우주 산업에서의 존재감이 커지고 있습니다.

우주에 가는 비용이 100분의 1로 줄었다!?

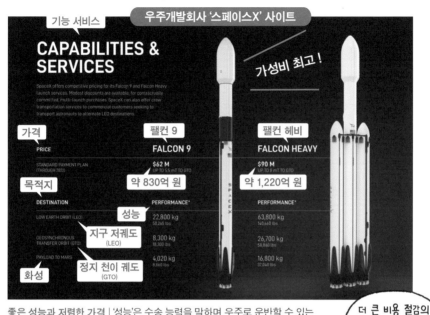

기능 서비스

우주개발회사 '스페이스X' 사이트

가성비 최고!

CAPABILITIES & SERVICES

SpaceX offers competitive pricing for its Falcon 9 and Falcon Heavy launch services. Modest discounts are available, for contractually committed, multi-launch purchases. SpaceX can also offer crew transportation services to commercial customers seeking to transport astronauts to alternate LEO destinations.

	가격 PRICE	팰컨 9 FALCON 9	팰컨 헤비 FALCON HEAVY
	STANDARD PAYMENT PLAN (THROUGH 2022)	$62 M UP TO 5.5 mT TO GTO 약 830억 원	$90 M UP TO 8 mT TO GTO 약 1,220억 원
목적지	DESTINATION	성능 PERFORMANCE*	PERFORMANCE*
	LOW EARTH ORBIT (LEO) 지구 저궤도 (LEO)	22,800 kg 50,265 lbs	63,800 kg 140,660 lbs
	GEOSYNCHRONOUS TRANSFER ORBIT (GTO) 정지 천이 궤도 (GTO)	8,300 kg 18,300 lbs	26,700 kg 58,860 lbs
화성	PAYLOAD TO MARS	4,020 kg 8,860 lbs	16,800 kg 37,040 lbs

좋은 성능과 저렴한 가격 | '성능'은 수송 능력을 말하며 우주로 운반할 수 있는 짐의 무게. 팰컨 9는 ISS가 비행하는 지구 저궤도에 22톤을 운반할 수 있다 (ⓒSpaceX).

더 큰 비용 절감의 핵심은 재사용 (p.68)이야.

　민간 우주개발회사 '스페이스X'의 웹사이트에는 로켓 가격이 정가로 실려 있습니다. 누구든지 볼 수 있는데 이는 이전의 상식으로는 믿을 수 없는 일입니다. 게다가 '팰컨 9'(그림 왼쪽)의 정가는 '약 830억 원'이라니 깜짝 놀랄 정도로 저렴해요! 일반인이 보면 비싸다고 생각할 수도 있는데 일본산 'H2A 로켓'을 비롯해 세계 주력 로켓의 가격은 약 1천억 원 전후라고 합니다. 또한 수송 능력도 H2A 로켓의 두 배에 가깝기 때문에 매우 유익한 로켓이라고 할 수 있지요.

　'팰컨 헤비'(그림 오른쪽)는 '약 1,220억 원'으로 가격이 늘어나기는 하지만 우주에 운반할 수 있는 짐의 양은 팰컨 9의 3~4배입니다. 정가는 1.5배이므로 짐이 많으면 매우 이득이라는 뜻입니다.

*2022년 9월 달러 환율로 계산되었습니다.

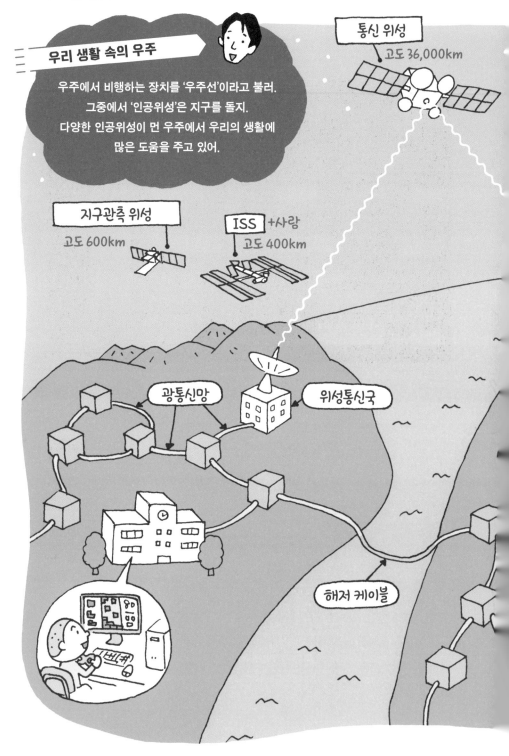

우리 생활 속의 우주

우주에서 비행하는 장치를 '우주선'이라고 불러.
그중에서 '인공위성'은 지구를 돌지.
다양한 인공위성이 먼 우주에서 우리의 생활에
많은 도움을 주고 있어.

통신 위성
고도 36,000km

지구관측 위성
고도 600km

ISS +사람
고도 400km

광통신망

위성통신국

해저 케이블

출전 : 가시마(鹿島)우주기술센터 사이트를 토대로 변경했다.

🚀 우주를 비행하는 축구장 크기 정도의 커다란 유인시설

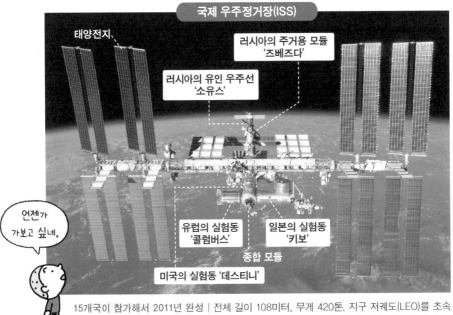

국제 우주정거장(ISS)

태양전지

러시아의 주거용 모듈 '즈베즈다'

러시아의 유인 우주선 '소유스'

언젠가 가보고 싶네.

유럽의 실험동 '콜럼버스'

일본의 실험동 '키보'

종합 모듈

미국의 실험동 '데스티니'

15개국이 참가해서 2011년 완성 | 전체 길이 108미터, 무게 420톤. 지구 저궤도(LEO)를 초속 7.7km/s로 비행하며 약 90분만에 지구 한 바퀴를 돈다. 태양전지로 발전한 전력을 사용한다 (ⒸNASA).

우주에 배치한 다양한 장치를 '우주기' 또는 '우주선'이라고 합니다. '로켓'은 우주선을 우주로 옮기기 위한 발사 장치지요. 흔히 말하는 '인공위성'은 우주선의 일종으로 지구 둘레를 도는 것만을 지칭하는 이름입니다. 우주선, 로켓, 인공위성의 차이는 이 책을 이해하는 데 도움이 되므로 꼭 기억하세요(자세한 설명은 p.77).

그런데 지금 가장 유명한 우주선은 '국제 우주정거장(ISS)'이겠죠? 지상에서도 볼 수 있으며 우주비행사의 SNS를 통한 메시지가 날마다 도착해서 수많은 사람들의 관심을 불러일으키고 있습니다. ISS는 지구 둘레를 돌고 있는 인공위성이며 고도는 400킬로미터 정도입니다. 거리로 치면 서울에서 부산, 인천에서 여수, 경기도 파주에서 목포 정도겠네요. 또한 지구의 반지름이 약 6,400킬로미터라는 걸 생각해보면 지구 표면을 스치듯이 날고 있어요. 의외로 가까운 우주에 있지요?

민간 최초의 우주정거장 '액시엄 스테이션(Axiom Station)'

ISS에서는 앞으로 호텔이나 영화 촬영에 사용할 계획도 있어.

2024년부터 주거 공간(모듈)을 접속 개시 | 최종적으로는 모듈 3개를 접속해서 ISS와는 독립적으로 지구 저궤도(LEO)를 돌 계획이다(ⓒAxiom Space).

지금까지 20년 넘게 인간이 머무르며 여러 가지 미션에 도전해온 ISS는 앞으로 10년 안에 모습이 크게 달라질지 모릅니다. ISS는 미국이 주축을 이루고 있으며 유럽, 러시아, 일본, 캐나다 등 16개국이 참여하는 국가 단위의 국제 프로젝트로 운용되고 있어요. 그러나 처음에 계획된 ISS의 운용 기한은 이미 지나서 현재 실정은 조금씩 기한을 연장해가며 앞일을 알 수 없는 운용을 하고 있습니다.

한편 앞으로 ISS의 민간 이용을 본격화하려는 움직임이 활발해지고 있습니다. 예를 들면 미국의 민간항공우주회사 '액시엄 스페이스'는 ISS에 접속하여 호텔로 이용할 수 있는 모듈을 발사할 계획을 진행 중입니다. 현재 ISS의 내부 설비 상태는 실험 시설의 느낌이 매우 강하지만 액시엄 스페이스에서 제작한 모듈은, 기발한 발상으로 유명한 디자이너 필립 스탁Philippe Starck이 '쾌적하고 기분 좋은 알'을 주제로 디자인했습니다.

인공위성은 떨어지면서 날고 있다!

우리 생활에 많은 도움을 주고 있는 인공위성은 '우주의 창문'입니다. 그 인공위성은 엔진을 사용하지 않아도 지구 둘레를 계속 비행할 수 있어요. 사실 인공위성은 던진 공처럼 떨어지고 있는데 지면에 부딪치지 않아서 계속 날고 있답니다.

왜 지구에 떨어지지 않을까?

🚀 지상에서 던진 공은 땅바닥에 떨어진다

지구 둘레의 우주를 날고 있는 인공위성과 당신이 던지는 공이 똑같다고 하면 깜짝 놀랄 것입니다. 실제로 공은 인공위성이 될 수 있는데 도대체 어떻게 하면 이런게 가능할까요? 그 의문을 이제부터 생각해보겠습니다.

던진 공은 도대체 왜 지면으로 떨어지는 걸까요? 중력이 작용하므로 공은 지면으로 곡선을 그립니다. 그 상태로 앞으로 나아가면 좋겠지만 지면에 닿아 움직임이 멈춥니다. 이 과정이 던진 공이 지면에 떨어진다는 뜻입니다. 공을 인공위성으로 삼으려면 지면에 닿지 않게 하면 됩니다.

공과 우주는 관계가 있을까?

던지면 떨어진다

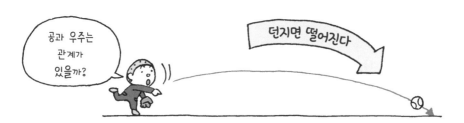

떨어지지 않고 계속 도는 공을 만들어내려면?

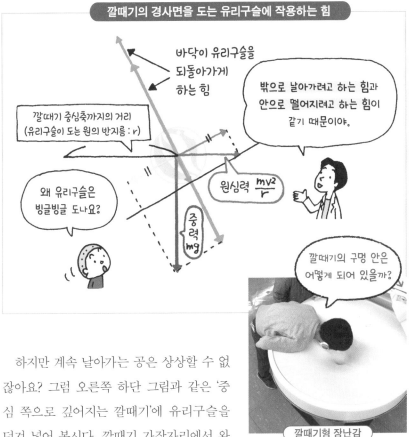

깔때기의 경사면을 도는 유리구슬에 작용하는 힘

바닥이 유리구슬을 되돌아가게 하는 힘

밖으로 날아가려고 하는 힘과 안으로 떨어지려고 하는 힘이 같기 때문이야.

깔때기 중심축까지의 거리 (유리구슬이 도는 원의 반지름 : r)

왜 유리구슬은 빙글빙글 도나요?

원심력 $\dfrac{mv^2}{r}$

중력 mg

깔때기의 구멍 안은 어떻게 되어 있을까?

하지만 계속 날아가는 공은 상상할 수 없 잖아요? 그럼 오른쪽 하단 그림과 같은 '중 심 쪽으로 깊어지는 깔때기'에 유리구슬을 던져 넣어 봅시다. 깔때기 가장자리에서 완 만하게 이어지는 언덕에 유리구슬을 천천히 던져 넣으면 구슬은 가운데 구멍 쪽으로 떨 어집니다. 한편 깔때기 가장자리에 원을 그 리듯이 구슬을 힘차게 던져 넣으면 구슬은 여러 번 빙글빙글 돌다가 가운데 구멍으로 떨어집니다. 즉시 떨어지지 않고 도는 이유 는 '떨어지려고 하는 힘'과 '원심력'이 작용하 기 때문이에요.

깔때기형 장난감

깔때기 | 나팔꽃처럼 한가운데의 가느다 란 관(구멍)에서 주위로 퍼지는 원뿔 모 양을 띤다.

깔때기를 구르는 인공위성 | 무거운 지구 의 영향으로 깔때기 모양이 되는 중력의 위치에너지. 인공위성은 이 언덕을 구르 는 느낌이다.

인공위성이 우주를 계속 비행하게 하는 장치 2가지

인공위성은 경주용 자동차가 서킷을 돌듯이 엔진을 달고 움직이는 것이 아니라 '깔때기 안에서 굴러가는 유리구슬'에 가깝다는 이미지가 머릿속에 그려졌나요? 실제 유리구슬은 구멍으로 떨어지고 말지만 인공위성이 우주에서 계속 비행하려면 '장치' 두 가지가 필요합니다.

○ 첫 번째 장치

첫 번째는 '만물은 장애물이 없으면 계속 움직인다'는 성질입니다. 우리 주위에서는 움직인 물체는 언젠가 정지합니다. 그러나 그 이유는 뭔가가 움직임을 방해하기 때문이에요. 장애물이 없으면 유리구슬이나 공도 늘 끊임없이 움직일 수 있습니다. 그럼 여기서 중력은 '장애물'이 될까요? 공이 지면에 떨어지도록 중력은 움직임을 변화시키는 힘을 갖고 있어요. 하지만 이 중력은 공이 '날아가는 길'을 바꾸기는 하지만 멈추게 하지는 않습니다. 중력은 장애물이 되지 않는 특수한 힘이에요(보존력).

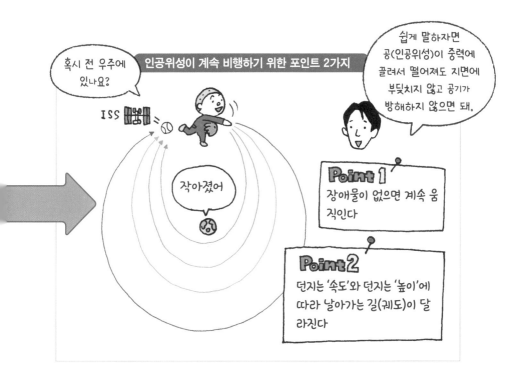

○ 두 번째 장치

'깔때기 안에서 굴러가는 유리구슬'로 봤듯이 공이 '날아가는 길'은 공의 속도와 관계가 있습니다. 이것이 두 번째 장치 '출발 시의 속도와 위치에 따라 날아가는 길이 달라진다'입니다. 던진 공은 지면에 떨어져서 부딪칩니다. 그러나 던지는 속도에 따라 날아가는 길을 바꿀 수 있어요. 처음에 던졌을 때의 모습이 그림의 파란색 선이었다고 합시다. 더 빨리 던지면 그 길은 녹색, 노란색, 빨간색 선으로 변화시킬 수 있어요. 공의 '날아가는 길'이 지구의 '둥글기'와 같아지면 공은 지면에 닿지 않고 되돌아옵니다. 공이 인공위성이 된 순간이지요. 이 '날아가는 길'을 우주용어로 궤도라고 합니다. 단 지상에서 공을 던질 경우 프로야구선수라도 멀리 던져봤자 100미터 정도이므로 지구 한 바퀴를 돌려면 매우 멀리 던져야 합니다.

🚀 궤도는 '속도'와 '높이'로 결정된다

인공위성이 계속 비행하기 위한 속도와 높이

혹시 내 키가 300km?

ISS

지면에 부딪치지 않기 위해서 필요한 속도 초속 7.7km

공기가 방해하지 않는 높이 고도 300km

300km

마사오, 키가 컸구나! 그 크기로 초속 7.7km의 초고속구를 던질 수 있으면 공이 인공 위성이 돼.

　2개의 장치를 정리하면 인공위성에는 '장애물에 부딪치지 않는 궤도를 그릴 수 있게 속도와 높이를 연구하는' 일이 필요합니다. 장애물이라는 점에서는 지면 외에 대기(공기)가 있고 이 장애물 두 가지를 피할 수 있는 조건 한 가지가 '고도 300킬로미터에서 초속 7.7km/s'입니다. 공기가 방해하지 않는 높이가 300킬로미터, 지면과 부딪치지 않는 궤도를 확보하기 위한 속도가 7.7km/s입니다. 하지만 초속 7.7km/s라는 것은 엄청난 속도라서 비행기의 32배, 마라톤 풀코스(42.195km)를 5.5초 정도로 끝마치는 속도입니다.

　이 속도를 줄이기 위해서 두 번째 장치에 있는 '위치'를 이용할 수도 있어요. 똑같은 속도로 던진다면 던지는 위치를 높게 할수록 그리는 원이 커집니다. 충분한 높이에서 던지면 지면에 닿은 공(p.16 그림의 파란색, 녹색, 노란색 선)도 기다란 원의 궤도를 날 수 있어요. 즉 매우 높은 곳에서 던지면 속도를 줄일 수 있습니다. 예를 들면 장애물을 피할 수 있는 다른 조건으로 '고도 36,000킬로미터에서 초속 1.6km/s'가 있습니다(정지 궤도(GEO)와 지구 저궤

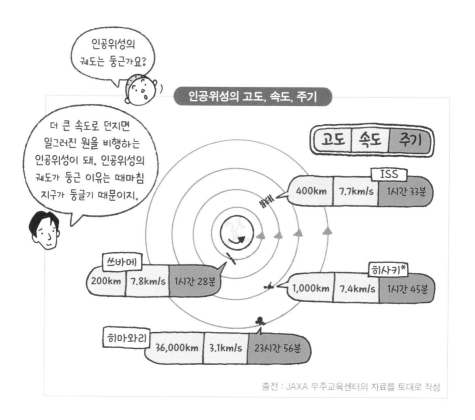

인공위성의 궤도는 둥근가요?

더 큰 속도로 던지면 일그러진 원을 비행하는 인공위성이 돼. 인공위성의 궤도가 둥근 이유는 때마침 지구가 둥글기 때문이지.

인공위성의 고도, 속도, 주기

고도	속도	주기

ISS
400km | 7.7km/s | 1시간 33분

쓰바메
200km | 7.8km/s | 1시간 28분

히사키*
1,000km | 7.4km/s | 1시간 45분

히마와리
36,000km | 3.1km/s | 23시간 56분

출전 : JAXA 우주교육센터의 자료를 토대로 작성

도(LEO)를 잇는 타원이 된다).

지구의 둥글기를 따라 비행하는 '원 궤도'나 커다란 타원을 비행하는 '타원 궤도'의 인공위성은 그 원의 크기에 따라 지구 한 바퀴를 도는 '주기'도 정해집 니다. ISS의 주기는 약 90분, 고도 36,000킬로미터의 커다란 원을 비행하는 '히마와리*'는 약 24시간입니다. 고도가 높아질수록 주기가 길어지고 속도는 느려집니다.

ISS와 라이플 탄의 속도 비교
총알 초속의 8배 | 라이플 M16은 만화 〈고르고13〉의 주인공 듀크 토고가 애용한다.

ISS

*히마와리 : '해바라기'라는 뜻으로 일본 최초의 정지 기상 위성의 애칭
*히사키 : 2013년 9월에 발사 성공한 최초의 태양계 내 행성 관측 전용 위성

3 교시

끝없이 넓은
우주의 크기를 실감하고 싶어요!

밤하늘에 보이는 별들이 이어진 '은하수'. 우리가 살고 있는 지구는 광대한 우주에 있는 수많은 은하 중 하나에 지나지 않는 '은하수'의 한구석에 존재하는 '태양계' 속에 있습니다. 태양계 바깥쪽을 관측한 탐사선은 40여 년 전에 발사한 두 대뿐이에요. 우주는 엄청 넓습니다!

얼마나
넓어요?

🚀 태고 때부터 사람들의 마음을 사로잡은 별들

난 별을 매우 좋아하거든.
우주에 대해 알수록 매우 중요
한 사실(진리)을 알 수 있기
때문이란다.

☆

왜 별을
보나요?

〈천문학의 아버지〉
갈릴레오 갈릴레이

16,500여 년 전에 그려진 프랑스의 라스코 동굴 벽화에는 황소자리의 묘성*이 그려져 있는데 소나 말 그림은 별자리를 나타낸다는 사실을 알았습니다. 기원전 6세기의 수학자 피타고라스와 그의 제자들은 지구의 자전과 태양 둘레의 공전설을 주장했지만 오랫동안 천문학자 프톨레마이오스Klaudios Ptolemaeos의 천동설이 지지를 받고 있었습니다. 이를 깬 사람은 17세기에 천체관측을 시작한 천문학자 갈릴레오 갈릴레이Galileo Galilei입니다. 목성의 4개 위성을 발견하고 우리은하의 정체

*묘성 : 황소자리의 플레이아데스성단에서 가장 밝은 6~7개의 별로 좀생이별, 칠자매별이라고도 한다.

상승 중인
아리안 5 로켓

별똥별

은하수(우리은하)

산

번화가

은하수가 빛나는 밤하늘(태국) | 은하수와 별똥별과 아리안5 로켓이 한데 어우러진 모습.
사진 앞쪽의 산은 태국 북구의 도이 인타논 국립공원(ⓒMatipon Tangmatitham).

에 접근하면서 코페르니쿠스Nicolaus Copernicus의
지동설을 지지했습니다. 갈릴레오의 저서 《별세계
의 보고Sidereus Nuncius》*, 물리학자 아이작 뉴턴
Isaac Newton의 위대한 발견, 또 허버트 조지 웰스
Herbert George Wells의 SF소설 《우주전쟁》 등의 영
향으로 우주에 대한 관심이 높아지게 됩니다.

그 후 20세기에 들어서며 큰 전환점을 맞았습
니다. 콘스탄틴 치올콥스키Konstantin Eduardovich
Tsiolkovsky(p.46) 등이 로켓 연구의 기반을 마련하
며 수많은 과학자가 개발에 착수했습니다. 실패와
성공을 반복하면서도 우주 탐사의 세계가 크게 꽃
폈습니다.

아리안 5 로켓 | 유럽 우주국(ESA)이 설
립한 아리안 스페이스사가 개발한 세계
최대급 로켓(ⓒESA).

*별세계의 보고(Sidereus Nuncius, 1610) : 갈릴레이가 자작 망원경으로
행한 세계최초의 천체관측을 보고한 책.

우리은하(Milky Way galaxy) 속의 '태양계'에 속한 지구

우리은하의 한구석에 존재하는 태양계

우리은하

태양계는 의외로 가장자리에 있는 것 같지? 은하계의 넓이를 연상할 수 있겠니?

태양계와 그 주변

ⓒNick Risinger/NASA

원반형 UFO 같아요.

우리은하(은하계)와 태양계의 위치 관계(연상한 그림)

봄과 가을의 별자리 방향은 우리은하의 별이 적기 때문에
그 바깥쪽을 잘 내다볼 수 있다.

겨울 · 여름

약 3만 광년

태양계   우리은하의 중심

10만 광년
원반의 수직 방향에서 본 우리은하

봄 · 겨울 · 여름 · 가을

약 3만 광년

태양계   우리은하의 중심

10만 광년
원반 주위의 옆 방향에서 본 우리은하

출전 : 일본 국립천문대 천문정보센터

태양계와 그 주변

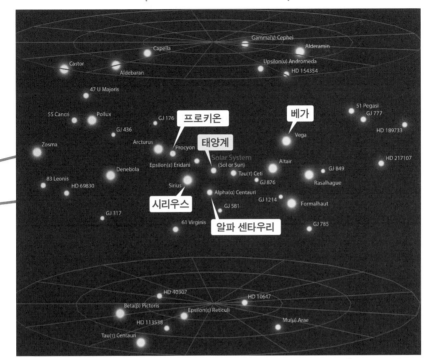

©Andrew Z. Colvin

우주는 상상할 수 없을 정도로 광대합니다. 밤하늘에 하얀 띠처럼 보이는 우리은하는 수천억 개의 별들이 모여 있어요. 소용돌이치는 거대한 원반 같은 모양이며 그 폭은 10만 광년입니다. 은하의 양끝에 당신과 친구가 있다고 가정했을 때 한쪽에서 비치는 빛이 보이면 그것은 10만 년 전의 빛이에요.

또 우리가 사는 지구를 포함한 '태양계'는 수많은 별들이 모인 은하의 중심에서 멀리 떨어진 근처를 이동하고 있습니다. 그런 태양계의 근처에 있는 별들은 밤하늘에서 볼 수 있는 것뿐이에요. 여름철의 별자리인 거문고자리의 베가(25광년)는 칠석 설화에 등장하는 직녀입니다. 큰개자리의 1등성 시리우스(8.6광년)는 하늘 전체에서 가장 밝으며 그보다 조금 어두운 것이 작은개자리의 1등성 프로키온(11광년)입니다. 또 태양계에 가장 가까운 항성 알파 센타우리(4.4광년)가 태양계의 '이웃'입니다.

\ 태양계 /

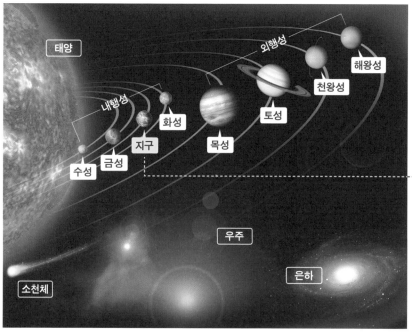

우리은하 속에 있는 태양계 | 1개의 항성(태양)과 8개의 행성으로 이루어진다. 지구는 8개의 행성 중 하나이며 태양계의 행성 중에서는 비교적 작은 고체 행성 무리이다(©NASA).

 ## 태양계와 우리가 살고 있는 지구의 관계

태양계는 태양과 그 주위를 도는 행성 등의 천체로 이루어집니다. 행성을 나열하는 방법으로 '수금지화목토천해'라고 외우고 있는 사람도 많지 않나요? 가장 안쪽에 있는 수성에서부터 헤아리면 지구는 세 번째 행성입니다.

태양계의 행성은 화성과 목성 사이를 경계로 해서 **태양에 가까운 쪽을 '내행성'**, 태양에서 떨어진 쪽을 '외행성'이라고 부릅니다. 왜 분류할까요? 그 이유는 행성의 유형이 크게 다르기 때문이에요. 가까이 모여 늘어선 내행성은 크기가 작으며 지구나 화성처럼 지표가 있는 **고체 행성**입니다. 한편 뿔뿔이 흩어져 늘어선 외행성은 크기가 크며 목성과 토성은 가스가 주성분인 **거대 가스 행성**, 천왕성과 해왕성은 얼음과 액체가 풍부한 **거대 얼음 행성**으로 나눌 수 있어요. 가스 행성에는 명확한 지표가 없지만 심층부에는 액체와 고체의

지구

미국항공우주국(NASA)의 인공위성 '테라(Terra)'가 찍은 지구 | 러시아(당시 소련)의 우주비행사 유리 가가린Yurii Gagarin의 명언 '지구는 푸른빛이었다'라는 말과 똑같은 지구의 모습. 지구 관측 위성이 고도 700킬로미터에서 촬영했다(ⓒNASA).

목성이나 토성의 지름은 지구의 약 10배 이상이기 때문에 면적은 100배, 부피는 1,000배란다.

핵이 있다고 판단됩니다.

지구와 태양의 거리(약 1.5억 킬로미터)를 천문단위 '1au(에이유)'로 나타내면 태양과의 거리는 화성이 1.5au, 목성은 5au, 토성은 10au, 천왕성은 20au, 해왕성은 30au입니다. 행성이 태양을 도는 속도를 공전속도라고 하며 이는 태양으로부터의 거리가 멀수록 느려집니다. 지구를 포함한 행성은 태양 주위를 각각의 주기로 돌면서 우리은하 속을 이동하고 있습니다.

정비 중인 '제임스 웹 우주망원경(James Webb Space Telescope)' | '우주에서 가장 먼저 태어난 별'의 관측을 목적으로 2021년 12월 25일 발사되었다(ⓒNASA).

우주 로봇 같은 망원경이네요!

4 교시

우주의 2대 특징은 '진공'과 '무중력'

인공위성은 지구를 벗어나 우주에서 날기 시작하면 달이 지구를 돌듯이 계속 납니다. 하지만 아무것도 하지 않으면 떨어지는 인공위성도 있습니다. 왜냐하면 우주는 '진공'이지만 약간의 대기가 있으며 '무중력'이 아니기 때문이에요.

둥실둥실 뜨는 이유는 무엇인가요?

 저궤도 위성은 아무것도 하지 않으면 떨어진다

'떨어지면서 날고 있는' 저궤도 위성 | 고도 400킬로미터 부근을 날고 있는 ISS도 저궤도 위성 중 하나이다(©ESA).

해가 지자마자 하늘을 올려다봤을 때 몇 분에 걸쳐서 움직이는 빛이 보인다면 '국제 우주정거장(ISS)' 등의 인공위성일지 모릅니다. ISS가 날고 있는 고도는 300~400킬로미터 정도이며 '지구 저궤도(LEO)'(고도 2,000킬로미터 이하)입니다. 우주는 '진공' 상태라는 이미지가 떠오를 수 있는데, 이 LEO에는 아주 소량의 대기가 있습니다. 그래서 ISS는 대기 저항을 받아 내버려두면 수십 년 정도 안에 지구로 떨어집니다. 그렇게 되면 곤란해지므로 가끔 엔진을 분출시켜 고도를 바꿉니다. 실제 ISS의 궤도 수정에는 ISS에 도킹한 보급선의 엔진을 사용하기도 합니다.

또한 우주쓰레기space debris와의 충돌을 피하기 위해 엔진을 분출한 적도 있습니다.

친근한 인공위성으로는 ISS 외에도 지구 관측 위성, GPS 위성, 통신위성이 있으며, 또 일본에서는 기상 위성 '히마와리'도 친숙할 것입니다(p.79). 재해가 생겼을 때와 같은 상황에 영상을 전해주는 지구 관측 위성은 ISS보다 조금 높은 고도 600킬로미터를 수직으로 납니다. GPS 위성은 고도 2만 킬로미터를 날아다니는 30대나 되는 위성입니다. 그 외에는 '정지 궤도(GEO)'라고 불리는 고도 36,000킬로미터라는 LEO보다 훨씬 먼 우주를 납니다. 고도 2만 킬로미터에도 GEO에도 대기가 거의 없기 때문에 그대로 수만 년이 흘러도 지구에 떨어질 일은 없습니다.

(©NASA, ©일본 기상청)

우주의 2대 특징 중 하나인 '진공'이란 무엇인가?

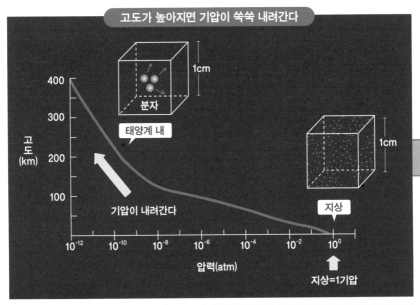

고도가 높아지면 기압이 쑥쑥 내려간다

고도와 기압의 관계 | 지상의 1기압을 기준으로 해서 왼쪽으로 갈수록 고도가 올라가고 기압이 떨어지는 것을 나타낸다. 정육면체는 고도가 다른 대기 속의 분자 수 이미지이다.

애초에 '아무것도 없는 우주'는 존재할까요? 실제로 완전히 없는 상태는 현대물리학상 만들어낼 수 없습니다. 물리학에서는 진공에 대하여 '압력이 대기압보다 낮은 공간 상태'라고 정의합니다. 즉 '감압 상태'와 똑같은 의미에요.

○ 대기는 상공일수록 희박해진다

지상에서 우주까지 실제로 대기가 얼마나 희박해지는지 그림으로 살펴보겠습니다. 대기의 농도는 압력으로 표현하며 지상이 1기압입니다. 우주의 경계선이기도 한 고도 100킬로미터일 때 빨간색 그래프는 10^{-6}의 근처를 나타냅니다. 실제로는 지상의 200만 분의 1로 꽤 작은 값이지만 아직 더 내려갈 것 같습니다. ISS가 날고 있는 고도 400킬로미터는 빨간색 그래프에서 10^{-12}를 나타냅니다. 이는 지상의 1조 분의 1 기압입니다. 이 상태로 고도를 올려서 화성이나 목성이 날고 있는 공간까지 가면 지구의 대기는 사라지지만 태양에서 방출된 물질이 있습니다. 그곳에서의 압력은 그림에는 나와 있지 않지만 1조 분

대기가 희박한 우주 환경 | 우주뿐만 아니라 모든 물체는 움직이면 계속 움직이고 멈추면 계속 멈추는 '관성의 법칙'을 따른다.

의 1보다 더 많은 1,000만 분의 1입니다. 어디까지 가도 약간의 '뭔가'가 존재합니다.

○ 기체 중의 분자 수가 줄어든다

공기가 희박한 정도를 기체 중의 분자 수로 헤아릴 수도 있습니다. 지상에서는 $1cm^3$의 공기 중에 1조의 1천만 배라는 엄청난 개수의 분자가 존재합니다(p.28 그림). 고도 400킬로미터에서는 1조 분의 1기압이므로 1천만 개의 분자까지 줄어듭니다. 대부분 기압이 '없는' 상태라도 손끝 정도의 공간에 분자 1천만 개가 있습니다. 또한 달보다 훨씬 먼 태양계안에서의 분자 수가 $1cm^3$ 중에 몇 개 밖에 안되지만 그래도 분자는 0개가 되지는 않습니다.

🚀 우주는 '무중력'이 아니라 '무중량 상태'

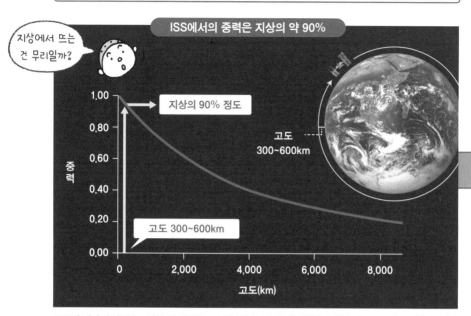

지상에서 뜨는 건 무리일까?

ISS에서의 중력은 지상의 약 90%

지상의 90% 정도

고도 300~600km

중력

고도 300~600km

고도(km)

고도와 기압의 관계 | 노란색 화살표로 표시한 부분이 고도 400킬로미터를 나는 ISS에 해당한다. 빨간색 선과 만나는 부분의 중력은 0.9이므로 지상의 90퍼센트로 이해할 수 있다.

ISS의 우주비행사

무중량 상태로 두둥실 떠 있다(ⓒNASA).

'무중량 상태'는 '진공'에 필적하는 우주의 커다란 특징입니다. 둥실둥실 떠 있는 ISS 안의 우주비행사 모습도 완전히 친숙해졌습니다. 하지만 '무중력'은 아는데 '무중량 상태'라는 말은 처음 들어 본 사람도 많지 않나요? 무중력은 중력이 없다는 뜻인데 사실은 ISS 안에 있는 사람들에게 작용하는 중력은 0이 아닙니다. 그뿐만 아니라 지구에 살고 있는 우리에게 작용하는 중력과 별로 다르지 않습니다.

그림의 그래프를 보면 가로축이 고도이며 지상 0에서 8천 킬로미터까지 기록되어 있습니다. 세로축이 중력이며 지상의 1에서 고도가 올라가면 줄어드는 모습이 빨간색 선으로 표시되어 있습니다. 지구에서 멀어질수록 지구의 중

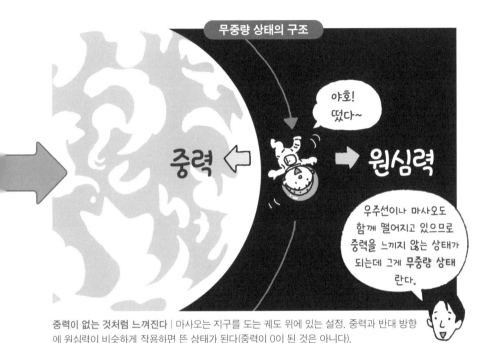

무중량 상태의 구조

야호!
떴다~

중력 ←

→ 원심력

우주선이나 마사오도
함께 떨어지고 있으므로
중력을 느끼지 않는 상태가
되는데 그게 무중량 상태
란다.

중력이 없는 것처럼 느껴진다 | 마사오는 지구를 도는 궤도 위에 있는 설정. 중력과 반대 방향에 원심력이 비슷하게 작용하면 뜬 상태가 된다(중력이 0이 된 것은 아니다).

력은 약해집니다. 그럼 ISS가 날고 있는 고도 400킬로미터의 중력은 얼마나 될까요? 노란색 화살표 끝을 보면 지상의 '1'에서 기껏해야 10퍼센트 작아질 뿐입니다. 즉 둥실둥실 떠 있는 ISS 안의 우주비행사에게 작용하는 중력은 지구에 있는 우리의 90퍼센트 정도입니다.

○ 원심력과 중력이 거의 같은 장소

그럼 왜 ISS 안의 우주비행사가 떠 있는지(=중력을 느끼지 않는지) 살펴보면 그 이유는 유리구슬로 설명했듯이(p.15) '원심력'과 '중력'이 거의 같은 장소에 있기 때문입니다. ISS는 1시간 33분에 지구 한 바퀴를 도는 궤도를 날고 있어요(p.19). 이때 초속 8km/s 정도의 맹렬한 속도로 돌기 때문에 궤도 바깥쪽에 작용하는 원심력이 중력과 비슷하게 작용해서 결과적으로 중력이 없는 것처럼 느껴집니다. 이것이 무중량 상태에요.

5 교시

우주는
덥나요? 춥나요?

우주를 날고 있는 우주선 안의 우주비행사가 티셔츠만 입은 모습도 흔히 볼 수 있습니다. 하지만 우주 유영을 할 때는 움직이기 불편해 보이는 우주복을 입고 있지요. 그렇다면 우주에 있을 때는 추울까요, 아니면 더울까요?
사실은 '우주의 기온은 불안정하다'가 정답입니다.

스웨터가 필요할까?

 ## 우주의 '진공', '우주선', '열'에 견디기 위한 아이디어

ISS 안의 우주비행사 | ISS 내부는 실온 18~26도, 습도 25~75퍼센트 정도로 조정되어 있어서 반팔로도 지낼 수 있다. 세계 최초로 여성끼리 우주 유영을 성공시킨 두 사람은 전 세계 사람들이 보내는 찬사에 '할 일을 했을 뿐'이라고 대답했다.(ⓒNASA).

우주비행사는 '진공', '열', '우주선(방사선)' 등 지상의 상식이 통하지 않는 우주 환경으로부터 보호를 받아야 합니다. 그 장치가 바로 우주선과 우주복입니다.

'작은 우주선'으로 불리기도 하는 우주복을 살펴볼까요? 일단 첫 번째 가장 큰 적은 진공입니다. 진공 속으로 인간이 나가면 체내 곳곳이 부풀어 오릅니다. 애초에 산소를 들이마실 수 없기 때문에 오래 살지 못합니다. 따라서 우주복 안은 순산소로 0.3기압으로 유지되며 호흡해서 배출된 이산화탄소는 제거되도록 되어 있습니다. ISS 등의 우주선 안은 1기압 정도입니다. 또한 태양광

우주비행사에게 미치는 우주의 영향

우주선 태양광 진공

우주복을 입지 않고 우주로 나가면 어떻게 될까?

우주복은 우주 비행사의 몸을 지키는 '작은 우주선' | ISS의 우주선 밖에서 활동을 하는 우주비행사. 우주복에는 호흡 환경, 체온 조정, 방사선으로부터의 방호 기능이 있으며 활동 편의성도 배려했다(ⓒNASA).

의 유무에 따라 우주복 표면의 온도가 크게 달라집니다(p.36). 그래서 우주 비행사에게는 우주복의 표면 온도가 전해지지 않도록 우주복은 열이 잘 전달되지 않는 재료와 구조로 이루어져 있어요.

우주비행사가 아니라 무인 탐사선에게도 우주는 가혹한 환경입니다. 진공 상태에서는 열이 없어도 물질끼리 용접되는 현상이 일어나거나 부드러운 밀봉용 수지(패킹)가 방사선 때문에 굳기도 합니다. 또 오랜 시간 유지 관리를 할 수 없는 탓에 평소 같으면 문제 되지 않는 약간의 누수가 문제가 되는 경우도 있어요. 그래서 움직일 수 있는 부위, 그중에서도 밸브는 약점입니다. 과학의 지혜와 꼼꼼한 사전 점검을 통해 최대한 문제를 미연에 방지하고 그래도 생긴 문제는 교훈 삼아 다음 활동에 활용합니다.

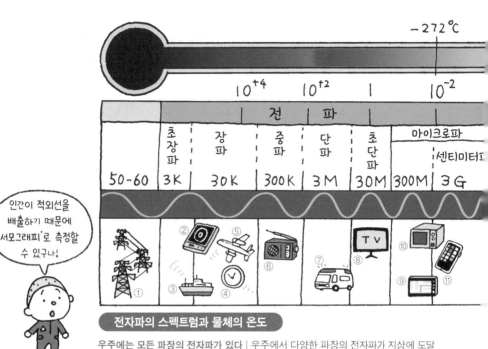

인간이 적외선을 배출하기 때문에 서모그래피*로 측정할 수 있구나!

전자파의 스펙트럼과 물체의 온도

우주에는 모든 파장의 전자파가 있다 | 우주에서 다양한 파장의 전자파가 지상에 도달한다. 인체에 유해한 자외선, X선, γ선, 우주선(방사선)은 지상에서 대기가 흡수, 차단해준다(출전 : 가시마 우주기술센터의 사이트를 토대로 작성).

🚀 우주에서는 '열방사'를 통해 열이 전달된다

우주는 추울까요? 덥고 춥다는 것은 열이 주어지느냐 빼앗기느냐, 즉 열이 전달되는 양으로 결정됩니다. 100℃의 사우나에는 들어가도 100℃의 열탕에는 들어갈 수 없습니다. 공기는 물(열탕)보다 더 희박하기 때문에 열을 그다지 전달하지 않기 때문이에요. 또 진공 상태의 우주에는 (거의) 아무것도 없으므로 그곳의 온도가 높든 낮든 열은 전달되지 않습니다. 우주와 같은 진공 속에서는 '열방사'라는 현상을 통해 열이 전달됩니다. 이 열방사는 공기의 유무와는 상관없습니다. 예를 들면 적외선 히터는 이 열방사를 사용하기 때문에 지상에서 사용해도 공기를 통하지 않고 사람과 사물을 따뜻하게 합니다. 우주선이나 우주복도 이 현상을 사용해서 온도를 조절합니다. 열방사를 이해할 때 '전자파'는 절대로 빠뜨릴 수 없습니다.

*서모그래피(thermography) : 몸 표면의 온도를 측정하여 이를 화면으로 나타내어 진단에 사용하는 방법.

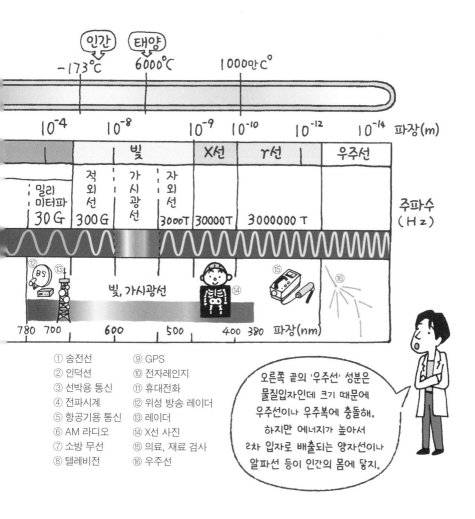

① 송전선　　⑨ GPS
② 인덕션　　⑩ 전자레인지
③ 선박용 통신　⑪ 휴대전화
④ 전파시계　⑫ 위성 방송 레이더
⑤ 항공기용 통신　⑬ 레이더
⑥ AM 라디오　⑭ X선 사진
⑦ 소방 무선　⑮ 의료, 재료 검사
⑧ 텔레비전　⑯ 우주선

오른쪽 끝의 '우주선' 성분은
물질입자인데 크기 때문에
우주선이나 우주복에 충돌해.
하지만 에너지가 높아서
2차 입자로 배출되는 양자선이나
알파선 등이 인간의 몸에 닿지.

○ 우리 주위에 있는 전자파

　전자파라고 하면 어려워 보이는데 쉽게 말하자면 '빛과 빛의 친척들'입니다. 빛 외에 전파, 적외선, 자외선, X선, 방사선 등 이 무리는 전부 파장이 다른 전자파입니다. 어느 범위의 파장을 갖는 전자파는 우리 눈에 빛으로 보입니다. 휴대전화 등으로 통신하는 전파의 파장은 10센티미터 정도, 여름의 불청객인 자외선의 파장은 3천 분의 1밀리미터 정도로 다양합니다. 또한 '열방사'란 모든 물체가 늘 '전자파'를 배출하는 현상을 말합니다. 당신도 지금 약 100분의 1 밀리미터 정도의 전자파를 배출하고 있습니다. 이 열방사를 통한 전자파의 파장과 양이 물체의 온도에 따라 결정됩니다.

🚀 우주의 온도는 태양광과 열방사의 균형으로 정해진다

우주의 온도에는 '열방사'라는 현상이 큰 관계가 있다고 앞에서 설명했습니다. 여기서는 ISS에서의 우주선 밖 활동을 가정해 보겠습니다. 우주비행사가 우주복을 입는 이유 중 하나를 알 수 있을 거예요.

먼저 태양의 온도에 맞는 전자파가 열방사로 배출되어 '태양광'으로 우주비행사(의 우주복 표면)에 닿습니다. 이때 태양광이 직접 닿으면 강력해지고 지구의 그늘이 지면 약해지는 것은 평소에 우리가 여름철 햇빛을 직접 받았을 때와 그늘에서 시원하게 있을 때와 똑같습니다.

그 다음으로 우주비행사에게서 나가는 열방사를 살펴볼까요? 그림 오른쪽의 우주비행사처럼 태양광이 들어오면 우주복의 표면 온도는 올라가며 온도가 올라갈수록 열방사의 양이 늘어납니다. 최종적으로는 태양광과 똑같은 양의 열방사를 배출하는 높은 온도로 안정됩니다.

한편 그림 왼쪽의 우주비행사처럼 태양광이 적으면 우주복의 표면 온도가

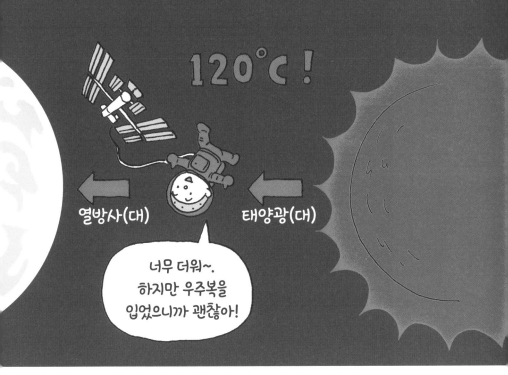

우주에서 느끼는 온도 차이 태양 쪽과 지구 뒷면 쪽에서 270℃ 차이 | 표시한 온도는 그 장소에 계속 있었을 경우의 온도이며 우주 공간의 온도가 아니다(출전 : 공익재단법인 일본우주소년단 〈우주복의 비밀을 찾자 -우주복〉을 토대로 작성).

내려가서 낮은 온도로 안정됩니다. 하지만 이때 우주 공간의 온도가 달라지는 것이 아니라 어디까지나 우주복의 표면 온도가 달라지는 것을 잊지 마세요. '우주의 온도'가 아니라 '우주복의 표면 온도'가 중요합니다.

　그림에 '120℃'와 '-150℃'라는 온도가 있지요? 이는 순간적으로 그 온도가 된다는 뜻이 아니라 '열적으로 평형 상태인 온도'입니다. 이는 예를 들어 보면 여름에 물로 얼음을 만들려고 냉동고에 넣어도 곧바로 얼지 않는 것과 마찬가지입니다. 잠시 시간이 필요하잖아요? 우주에서는 우주비행사가 계속 그곳에 있었다고 가정하고 태양광이 내리쬐는 조건이라면 '120℃', 그늘이라면 '-150℃'가 된다는 뜻이에요. 실제 ISS는 약 90분에 지구 한 바퀴를 돌고 있으며 계속 같은 장소에 있는 것이 아니므로 안심하세요.

우주 비행의 선구자들

콘스탄틴 치올콥스키와 로버트 고다드

1934년에 찍은 노년의 콘스탄틴 치올콥스키
©Михаип Никопаевпч Павров

이 책에 등장하는 콘스탄틴 치올콥스키는 로켓 방정식뿐만 아니라 다단식 로켓, 우주 콜로니 등 수많은 안건을 논문과 SF 소설로 발표해서 '우주비행의 선구자'로 불리기도 합니다. 한편으로 또 다른 우주비행의 선구자 로버트 고다드Robert Goddard는 대조적인 존재입니다. 치올콥스키가 이론가라고 하면 고다드는 실제 로켓을 만들어 우주 개발을 발전시킨 실험가입니다. 하지만 그의 업적은 생전에 별로 알려지지 않았어요. 그 원인 중 하나는 매스컴이 실험 실패에만 주목해서 대체적으로 비난, 웃음거리로 만든 일에 있습니다. 이를테면 1920년에는 뉴욕 타임스 정도의 거물급 신문이 틀린 물리 해석으로 고다드의 실험을 크게 비판했습니다(1969년에 정정 기사를 실음). 그 결과 그는 대부분의 연구를 감추게 되었어요(특허는 여러 건 취득했습니다). 아폴로 계획 시대의 유명한 로켓 과학자 조지 서튼George P. Sutton은 '당시 고다드가 한 일을 몰랐지만 그 자세한 내용을 알았더라면 시간을 절약했을 것이다'라고 말했습니다.

실험에는 실패가 따르기 마련인데 오히려 실패야말로 실험을 진화시키는 원동력입니다. 현재 이를 가장 잘 나타내는 것은 '스페이스X'겠군요. '팰컨 9'의 1단이나 '스타십'은 착륙 실패를 반복해가며 서서히 성공에 다가갔습니다. 그러나 수많은 뉴스는 '신형 로켓, 또 폭발'이라며 실패에 주목합니다. 실제적인 가치보다 대중의 시선 끌기를 우선적으로 생각하는 것은 100년 전이나 지금이나 달라지지 않았습니다. 아홉 번째 구간에서 등산을 단념한 것보다 여덟 번째 구간까지 등산에 성공한 점에 관심을 가져야 합니다.

1924년 미국 매사추세츠 주의 클라크대학교에서 강의를 하는 로버트 고다드 ©NASA

2장

우주에 어떻게 가지?

우주에 간다면 단연코 로켓을 추천합니다. 발사는 박력 넘치며 안전성도 향상되었습니다. 한편으로 로켓 발사에는 우주에 물건을 운반할 만큼의 강력한 엔진 제조와 가볍고 튼튼한 로켓 개발 등에 막대한 돈이 들어서 차를 타고 훌쩍 여행을 떠나는 것처럼 쉽게 갈 수 없습니다. 이 장에서는 로켓이 우주로 날아가는 구조부터 미래의 모습까지 살펴보겠습니다.

오호~

그렇게나
힘든가요?

우주로 날아가는 로켓 이야기

평소에 우리는 발로 지면을 밀며 앞으로 나아갑니다. 하지만 우주에는 지면은커녕 공기도 거의 없어요. 그래서 우주로 날아가는 로켓은 앞으로 나아가기 위해서 밖으로 내던질 물질을 직접 들고 가야합니다. 공이든 뭐든 다 좋아요.

로켓은 뭘 던지나요?

로켓은 물질을 던져서 가속하는 장치

초속 7.7km/s라는 엄청난 속도를 얻으려면 어떻게 해야 할까요? 평소에 우리가 속도를 얻으려면(이를 가속이라고 합니다) 반드시 뭔가를 밉니다. 사람이 걸을 때는 지면, 배는 물, 비행기는 공기를 밀며 가속합니다. 그러나 우주로 날아가는 로켓의 경우 주위에 아무것도 없어요. 그래서 뭔가 미는 물질을 갖고 가서 그 물질을 밖으로 밀어내어 가속합니다. 밀려난 물질은 밖으로 내던져지므로 로켓은 물질을 던져서 가속하는 거예요.

지면을 밀며 앞으로 나아가는 사람 | 우리는 걷거나 달릴 때 발로 지면을 밀면서 앞으로 나아가며 '가속'한다 (©TRAVELARIUM).

추진제를 가진 로켓

발사!

'팰컨 9' 로켓(스페이스X) 발사 | '팰컨 9'는 로켓 한 대당 엔진 10기를 사용한다. 지상용으로 엔진 9기가 묶여 있으며(p.65) 우주용으로 엔진 1기를 갖는다(ⓒNASA/Joel Kowsky).

실제 로켓은 고온 가스를 제트(제트기류)로 내던지는데 던지는 물질은 원래 공이든 뭐든 상관없습니다. 뭔가 물질을 내던지면 가속할 수 있습니다. 볼링공을 던졌을 때, 또는 총을 쐈을 때의 반동을 떠올려 보세요. 이는 물리학에서 유명한 '작용, 반작용의 법칙'입니다.

하지만 던진 물질이 밖으로 나가기 전에 다시 스스로 잡으면* 안 됩니다. 역방향의 가속을 받으면 모처럼 받은 가속이 원래대로 되돌아가고 말아요.

가스가 로켓을 미는 힘

로켓이 가스를 미는 힘

가스를 분사해서 상승하는 '팰컨 9' | 로켓은 아래쪽으로 분사한 가스에서 위쪽으로 향하는 힘을 받아서 상승한다 (ⓒNASA/Bill Ingalls).

*예를 들면 양손에 공과 글러브를 들고 공을 던지는 느낌과 같다.

우주에서 앞으로 나아가는 것은 로켓뿐이다

제트 추진

로켓 추진

우주왕복선 엔데버(Endeavour) | 가운데의 빨간 탱크와 양옆의 흰 탱크에 들어 있는 물질을 분출하며 나아간다(ⒸNASA).

공기 흡입식 제트 추진

전방에서 공기를 빨아들여 후방으로 빠른 속도로 연소 가스를 흘려보낸다.

물 흡입식 제트 추진

로트 부분에서 물을 빨아들여 진행 방향과 반대로 물을 분출한다.

위) 전투기 'F-15' | 흡입한 공기에 연료를 섞어서 태우고 고온 제트를 만들어내서 후방으로 흘려보내고 있다(ⒸCT757fan).
아래) 유영하는 앵무조개 | 빨아들인 물을 토해내며 제트기류를 만들어낸다(ⒸCharlotte Bleijenberg).

제트 전투기는 로켓과 비슷한 눈부신 제트가 눈에 보이므로 로켓과 나아가는 방법이 비슷해 보일 것입니다. 실제로 둘 다 고온 가스를 분출해서 가속하는 점은 똑같아요. 하지만 결정적 차이는 제트 전투기는 주위의 공기를 받아들여서 이를 분출하는 데 비해 로켓은 직접 지참한 가스만 분출하는 점입니다. 제트 추진 중에서 주위에서 공기를 받아들여 분출하는 엔진을 에어 브리딩 엔진(공기 흡입식 엔진)이라고 하며 **자신이 가진 물질만 분출하는 엔진을 로켓 엔진**이라고 합니다.

로켓은 로켓 엔진 덕택에 주위 환경에 영향을 받지 않고 작동하며 우주에서도 가속할 수 있습니다.

비행기도 우주에 갈 수 있을 것 같은데~.

'로켓'은 '인공위성 발사체'

로켓은 '우주에 가기 위한 장치'가 아닙니다. 자신이 가진 물질을 던져서 가속하는 방법(로켓 추진) 자체와 로켓 추진을 갖춘 장치를 말합니다. 형태에 관계없이 원통형 로켓이 있어도 좋고 아무리 로켓다운 모양이라도 로켓 추진을 사용하지 않으면 로켓이 아닙니다. 아래쪽 그림의 로켓은 정확히 말하자면 '로켓 추진을 이용한 인공위성 발사체'입니다.

연결해서 설명하면 추진하기 위해서 던지는 물질이 '추진제'입니다. 특히 연소를 이용하는 경우에는 '연료'와 '산화제'를 반응시킵니다. 하지만 로켓 엔진의 경우 반드시 물질을 태워야 한다고 할 수 없으므로 '추진제', '연료', '산화제'의 차이를 이해합시다.

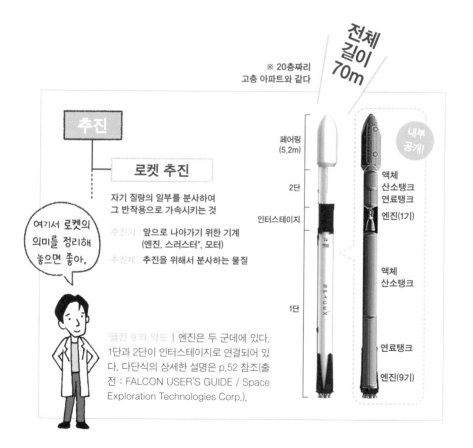

※ 20층짜리 고층 아파트와 같다

전체 길이 70m

추진

로켓 추진

자기 질량의 일부를 분사하여
그 반작용으로 가속시키는 것

추진기 : 앞으로 나아가기 위한 기계
(엔진, 스러스터*, 모터)
추진제 : 추진을 위해서 분사하는 물질

여기서 로켓의 의미를 정리해 놓으면 좋아.

'팰컨 9'의 약도 | 엔진은 두 군데에 있다.
1단과 2단이 인터스테이지로 연결되어 있다. 다단식의 상세한 설명은 p.52 참조(출전 : FALCON USER'S GUIDE / Space Exploration Technologies Corp.).

페어링
(5.2m)

2단

인터스테이지

1단

내부 공개!

액체
산소탱크
연료탱크

엔진(1기)

액체
산소탱크

연료탱크

엔진(9기)

*스러스터(thruster) : 위성의 자세, 또는 궤도를 제어하기 위한 추력 발생 장치.

가벼운 물질을 빨리 던져서 앞으로 나아간다

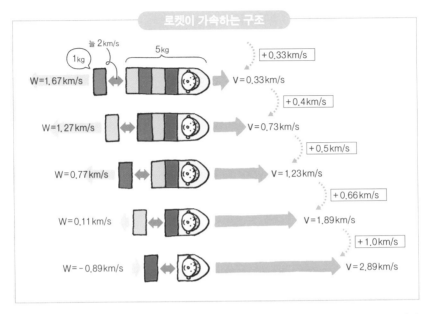

로켓이 가속하는 구조

1kg의 덩어리를 던져서 나아간다 | W=던진 물질의 속도. V=로켓 본체의 속도(➡). 운동량 보존의 법칙에 따라 1.67km/s×1kg=0.33km/s×5kg이 된다. '0.33'은 2km/s(⬅)를 6(단)으로 나눈 수.

　그럼 로켓이 어떻게 속도를 얻는지 실제로 살펴볼까요? 5단 동체를 가진 다루마오토시(달마 떨어뜨리기 장난감. 나무 블록을 차례대로 쌓아 망치로 쳐서 차례대로 빼내 맨 위의 달마 인형만 남기는 일본 전통놀이. -역주)와 같은 로켓을 생각합니다. 6단인 머리(본체)도 포함해서 모든 단의 무게는 1킬로그램입니다. 본체에서 1단씩 2km/s의 속도로 왼쪽으로 던지고(⬅) 머리를 가속시킵니다(➡). 이 계산은 **[던진 물질의 가속량×무게]와 [본체의 가속량×무게]가 똑같아진다**(이를 '운동량 보존의 법칙'이라고 합니다), '두 속도의 차이(V와 W의 차)가 2km/s(⬅)'라는 규칙 하에 이루어집니다.

　던진 단의 속도(⬅)가 서서히 줄어드는데 이는 분리 전의 본체 속도(➡)가 늘었기 때문이에요. 던진 단과 본체의 속도 차는 늘 2km/s(⬄)입니다. 최종적으로 달마 인형의 머리는 V=2.89km/s(➡)의 속도를 얻었습니다.

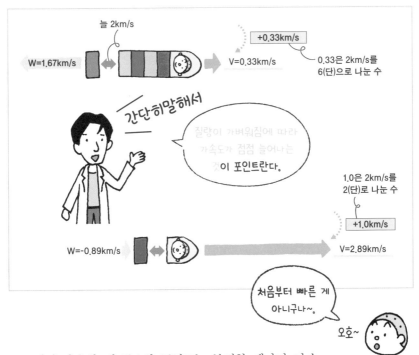

로켓이 가속할 때 중요한 포인트는 분리할 때마다 가속
이 서서히 늘어나는 점입니다. 1단을 분리할 때 0.33km/s
가 더해진 데 비해 5단을 분리할 때는 1.0km/s가 더해집니다. 완전히 똑같은
조건에서 던졌는데 왜 이렇게 달라질까요? 그 이유는 본체의 무게가 서서히
가벼워졌기 때문입니다. 미는 힘이 똑같은 경우 대상이 가벼운 쪽이 큰 가속
을 얻을 수 있습니다. 즉 마찬가지로 물질을 던지면 마지막에는 단번에 속도
를 늘릴 수 있습니다. 이 말은 이득인 것처럼 들립니다. 그러나 반대로 말하자
면 처음에는 '나중에 던지는 물질'을 운반하기 위해서 '조금만 가속할 수 있기'
때문에 로켓 추진의 어려움을 나타냅니다. 사실은 가벼운 '머리'만 가속시키
고 싶지만 그렇게는 안 됩니다.

콘스탄틴 치올콥스키 박사 이야기

100여 년 전에 우리가 우주로 날아가기 위한 방법을 생각해낸 사람이 있었습니다. 그 사람은 '우주 비행의 선구자'로 불리는 콘스탄틴 치올콥스키 박사입니다. 러시아 모스크바 외곽의 작은 마을에서 고등학교 교사를 하며 독학으로 고안해낸 '로켓 방정식'은 지금도 사용되고 있어요.

$$M_I = M_F \exp\left(\frac{\Delta v}{u}\right)$$

100년 전의
로켓 방정식?

로켓 방정식 취급 설명서

'로켓 방정식'(자세한 설명은 p.48-49)은 로켓의 가속을 쉽게 계산하는 식입니다. 하지만 이 식을 사용할 때는 로켓의 움직임을 방해하는 것이 하나도 없다는 점을 주의해야 해요. 우리 주위에 있는 움직이는 모든 사물은 아무것도 하지 않으면 멈춰버립니다. 공을 굴리거나 종이비행기를 날려도 언젠가는 멈추잖아요? 이는 공과 지면의 마찰, 주위에 있는 공기가 방해물이 되었기 때문입니다. 로켓 방정식에는 이러한 영향은 포함되지 않으므로 주위에서 흔히 볼 수 있는 것으로 시도해보려고 해도 어렵습니다.

그럼 방해물이 전혀 없는 장소는 어디일까요? 바로 우주입니다. 주위에는 아무것도 없기 때문에 로켓 추진이 필요했어요. 다시 말해 로켓 방정식은 주위에 아무것도 없는 공간에서 사용하는 법칙으로 생각해도 좋아요. 치올콥스키 박사는 그런 법칙을 지상에서 지내면서 발견했으니 대단하지 않나요?

'방해물이 하나도 없으면 물체는 계속 움직인다'는 성질은 '관성의 법칙'이라고 하는데 이를 최초로 발견한 사람은 중력으로 유명한 아이작 뉴턴입니다. 행성의 움직임 속에 있는 법칙을 생각하는 동안 발견한 법칙이에요. 사실 별이든 로켓이든 우주에 있는 것은 전부 중력의 영향을 받습니다. 주위에는 아무것도 없지만 별의 중력은 아득히 먼 저편에서 작용합니다. 그래서 실제로 로켓의 움직임을 계산할 때는 로켓 방정식에 중력의 영향을 추가해야 합니다. 그 결과 모든 발사 로켓은 초속 7.7km/s와 고도 300킬로미터라는 목표를 노리게 되었습니다. 한 번 이 조건이 달성되면 지구의 중력을 받고 방향을 바꾸면서도 '관성의 법칙'으로 계속 날 수 있어요. 이를 실현한 것이 인공위성입니다.

로켓 방정식에서 또 하나 중요한 것은 물체를 던지는 속도는 로켓에서 본 속도라는 점입니다. 예를 들면 p.44의 '다루마오토시 로켓'의 마지막에 있듯이 로켓이 왼쪽에 물체를 던질 경우라도 로켓 자체의 속도가 오른쪽으로 클 때는 던진 후의 물체 속도는 오른쪽(➡)을 향합니다.

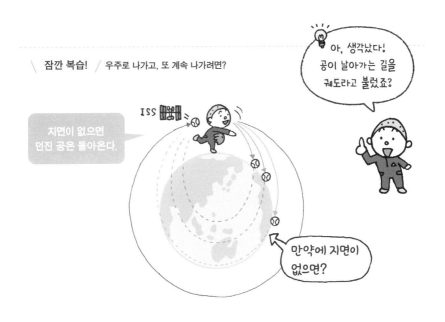

\ 잠깐 복습! / 우주로 나가고, 또 계속 나가려면?

아, 생각났다! 공이 날아가는 길을 궤도라고 불렀죠?

지면이 없으면 던진 공은 돌아온다.

만약에 지면이 없으면?

콘스탄틴 치올콥스키 박사가 보내는 편지

내가 생각한 로켓 방정식을 부디
너희들이 느껴보기 바란다.
오랜 시간을 들여서 고안한 공식이니까
차분하게 시간을 들이렴.
그렇게 복잡하지 않으니까 안심해.

M_F를 좌변으로 옮겨서
그래프로 만들면……

치올콥스키 박사

$$M_I = M_F \exp\left(\frac{\Delta V}{U}\right)$$

점점 늘어나는
지수함수 장치

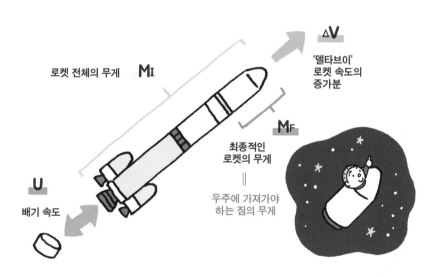

로켓 전체의 무게 M_I

ΔV
'델타브이'
로켓 속도의
증가분

M_F
최종적인
로켓의 무게
‖
우주에 가져가야
하는 짐의 무게

U
배기 속도

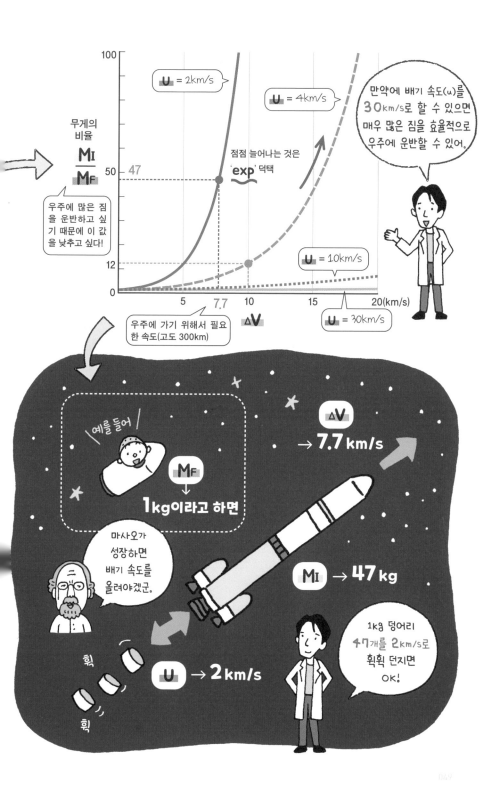

발사에 필요한 큰 에너지

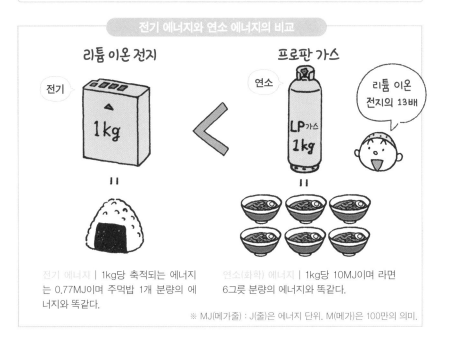

전기 에너지와 연소 에너지의 비교

리튬 이온 전지

전기

1kg

프로판 가스

연소

LP가스
1kg

리튬 이온 전지의 13배

전기 에너지 | 1kg당 축적되는 에너지는 0.77MJ이며 주먹밥 1개 분량의 에너지와 똑같다.

연소(화학) 에너지 | 1kg당 10MJ이며 라면 6그릇 분량의 에너지와 똑같다.

※ MJ(메가줄) : J(줄)은 에너지 단위. M(메가)은 100만의 의미.

    로켓의 본질은 물질을 던지는 것이었는데 또 하나 반드시 필요한 요소가 있습니다. 바로 에너지입니다. 피칭머신*이나 총도 에너지가 없으면 움직이지 않습니다. 어떤 에너지를 사용해서 물질을 던질지는 로켓의 중요한 포인트입니다. 에너지는 전기, 연소, 열, 원자력, 빛, 전파, 중력, 운동, 수력, 풍력 등 다양한 형태를 이룹니다. 하지만 지상에서 우주까지 이동하는 로켓에게는 운반할 수 있는 것이 중요하므로 그 후보는 전기나 연소에 한정됩니다. 전기는 배터리, 연소는 휘발유를 태워서 움직이는 자동차를 떠올리세요. 그리고 이 두 가지를 비교한 경우 지금의 기술로는 연소가 똑같은 에너지를 더 쉽게 얻을 수 있습니다. 이 때문에 현재의 모든 발사 로켓은 뭔가를 태워서 에너지를 끌어내고 태운 물질을 던져서 가속합니다.

---

*피칭 머신(pitching machine) : 야구에서, 타격 연습에 사용하기 위하여 타자에게 공을 던져 주는 기계.

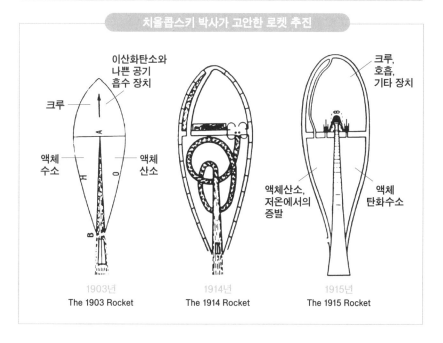

치올콥스키 박사가 고안한 로켓 추진

이산화탄소와
나쁜 공기
흡수 장치

크루

액체
수소

액체
산소

1903년
The 1903 Rocket

1914년
The 1914 Rocket

크루,
호흡,
기타 장치

액체산소,
저온에서의
증발

액체
탄화수소

1915년
The 1915 Rocket

러시아의 작은 마을에서 고등학교 선생님이었던 콘스탄틴 치올콥스키 박사는 독학으로 우주에 날아가는 방법을 생각했습니다. 그 방법이 '로켓 추진'(p.43)과 '다단식 로켓'(p.54)입니다. 1903년에 발표한 논문 '반동 기계를 이용하는 우주 탐사'에서 인류가 우주로 비행하기 위한 이론인 '로켓 방정식'을 세계 최초로 발표했습니다.

위의 그림은 이 논문에 실린 치올콥스키 박사가 그린 로켓 설계도입니다. 여기에는 나팔형의 '초음속 노즐'(p.66), '액체 로켓'(p.64)이 그려져 있습니다. 액체 연료로서의 추진제는 '액체 수소'(p.59)나 '등유(액체탄화수소)', 산화제는 '액체 산소'로 이것들은 현재도 사용되고 있습니다. 그림 속의 '크루'는 치올콥스키 박사가 처음부터 유인 우주비행을 상상했음을 말해줍니다.

치올콥스키 박사 고안!
다단식 로켓 이야기

치올콥스키 박사가 만들어낸 로켓 방정식(p.48)은 사실 그것만으로는 실제 우주로 갈 수 없습니다. 왜냐하면 지상 부근에는 공기가 있고 중력도 작용하기 때문이에요. 그러한 장벽을 돌파하는 유일한 방법이 '다단식 로켓'이며 이 로켓도 치올콥스키 박사가 고안했습니다.

다단식으로 중력을 이길 수 있나요?

공기와 중력은 피할 수 없다

2교시에 등장한 로켓 방정식에는 공기나 중력의 영향은 포함되지 않습니다. 실제로 로켓으로 우주에 가려고 하면 지상 부근에 있는 공기가 움직임을 방해하며 위로 향할 때는 중력이 로켓을 끌어내리려고 합니다. 결국 로켓이 원하는 속도 7.7km/s를 위해서 실제 로켓은 약 10km/s 정도까지 가속해야 해요.

또 하나, 물질을 던지는 장치의 무게를 잊으면 안 됩니다. 실제 발사 로켓은 연료와 산소를 태워서 분출하는데, 이런 것을 넣어 놓는 탱크와 태우는 장치의 엔진이 필요합니다. 또한 이를 지탱하는 기둥과 공기로부터 위성을 보호하는 벽도 필요합니다(동체라고 부르겠습니다). 실제 발사 로켓의 경우 이것들의 무게는 전체의 10~15퍼센트입니다.

그럼 여기서 다시 한 번 로켓 방정식과 그것의 그래프를 살펴보겠습니다(p.48~49). 먼저 배기 속도 u의 최대는 현실적으로 얻을 수 있는 4km/s라고 합시다(p.49 그래프 ━━). 가속하고 싶은 속도 V는 10km/s이므로 로켓 전체의 무게는 운반하는 짐의 12배가 됩니다. 이는 로켓 전체의 무게에 대해 짐은 8퍼센트까지라는 뜻입니다. 그런데 이 짐에 포함되는 탱크나 동체만으로 무게가 10퍼센트를 초과한다고 앞에서 설명했습니다. 즉 이대로는 물질을 던지는 기계를 싣는 게 고작이며 중요한 인공위성이나 우주선을 운반할 수 없습니다.

공기 저항에 따른 손실

저항
약 0.3km/s
추력
저항

비행 중 공기 저항에 따른
손실은 약 0.3km/s

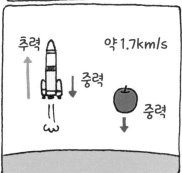

중력에 따른 손실

추력
약 1.7km/s
중력
중력

중력에 따른 손실은
약 1.7km/s

만약 엔진이나 연료 탱크의 무게가 0이라면

이대로 우주에
갈 수 있다!

0(제로)!?

무게가 전혀 없는 경우는
있을 수 없기 때문에
우주에 날아가려면
아이디어가 필요해.

🚀 휙휙 버리는 다단식으로 우주에 간다.

다단식 로켓의 구조

머리 좋네!

사용이 끝난 부품을 버리고 가벼워지면서 점점 가속해간다!

공기와 중력에 따른 손실을 보충하면서 로켓이 우주로 가기 위해서 생각해 낸 방법이 탱크나 동체를 여러 개로 나눠서 다 쓴 것부터 버리는 방법입니다. 마라톤 선수가 다 마신 음료 용기를 버리는 모습을 연상해도 좋아요. 로켓이 나 마라톤 선수도 조금이라도 가벼워지고 싶다는 점에서 똑같습니다. 또 이 방법으로 우주에 가는 것이 다단식 로켓입니다.

다단식 로켓의 경우 로켓 전체의 무게에 대하여 탱크나 동체와는 별도로 3 퍼센트 정도 짐을 운반할 여유 공간이 있습니다. 이 3퍼센트라는 것은 페트병 음료(500㎖)에 대하여 그 뚜껑 2개 정도의 양입니다. 발사 로켓은 이 약간의 틈에 우주선을 채워 넣습니다. 소중한 용돈을 써서 주스 한 병을 사도 뚜껑 2 개 분량만 마실 수 있다고 생각하면 조금 서럽네요.

탱크나 동체를 나누는 방법은 다양합니다. '아리안 스페이스'가 개발한 발사 로켓 '아리안 5'의 경우 옆에 달려 있는 흰색 부스터 두 개를 가장 먼저 분리하고(그림 1), 그 다음에 우주선을 공기로부터 보호하는 상부의 벽(그림 2), 마지막으로 한가운데 두꺼운 부분을 분리합니다(그림 3). 분리된 탱크와 동체는 그대로 지면이나 바다로 떨어집니다. 롯데타워(554.5m)보다 100m 높은 곳에서 덤프트럭이 떨어지는 것과 같으니 충격이 엄청나겠죠? 절대로 가까이 가지 마세요!

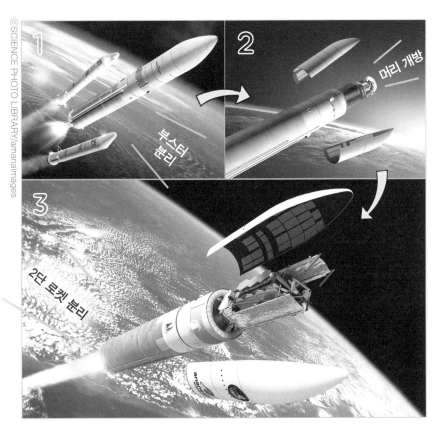

세계 최대급 '아리안 5' 로켓 | 2021년 12월 25일에 NASA의 제임스 웹 우주망원경(p.25)이 발사되었다(ⒸNASA, ⒸESA).

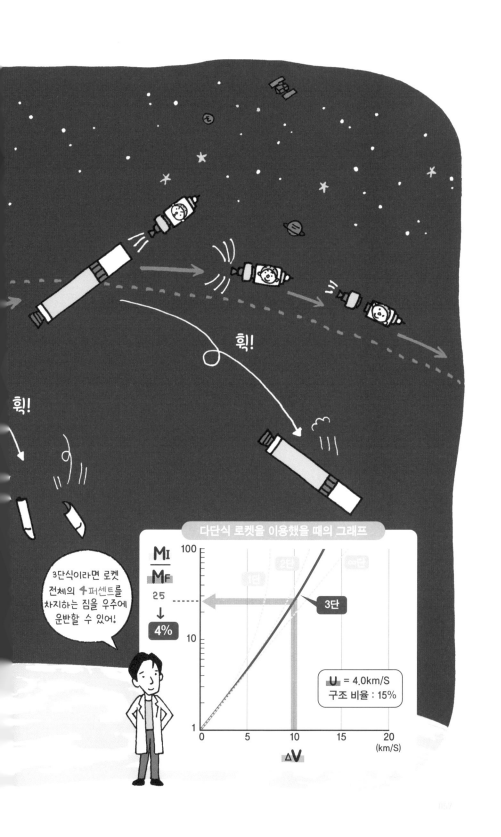

화학 에너지 이야기

로켓이 나아갈 때 공이든 뭐든 상관없지만 뭔가 가지고 있던 물건을 밖으로 내던집니다. 그때 에너지가 필요하지요. 현재의 로켓 추진의 경우 강력한 '화학 에너지'나 오래 쓸 수 있는 '전기 에너지(p.96)'를 '운동 에너지'로 바꿔서 물건을 던집니다.

 발사 로켓은 '화학 로켓'

2교시 때 조금 설명했는데 로켓 추진에 필수적인 '물질을 던지는' 동작에는 에너지가 필요합니다. 또 현재의 발사 로켓은 물질을 태워서 얻은 에너지를 이용합니다. 불탄다는 것은 뭔가 연료(종이, 나무, 가스 등)가 빛이나 열을 내며 산소와 반응하는 화학 반응을 의미합니다.

화학 반응으로 얻을 수 있는 에너지를 화학 에너지라고 합니다. 예를 들면 자동차는 휘발유와 공기 중에 있는 산소를 태워서 엔진을 움직이므로 화학 에너지로 움직인다고 할 수 있어요. 그러나 여기서 주의해야 할 점은 로켓 주위에 공기가 없다는 점입니다. 그래서 산소도 직접 갖고가야 합니다. 발사 로켓은 자동차와는 달리 연료용과 산소용 탱크를 각각 갖고 따로 있습니다.

화학 에너지를 사용한 로켓 추진(화학 추진 로켓)의 특징은 연료와 산소가 던지는 물질인 동시에 에너지의 원천이기도 하다는 점입니다. 에너지를 끌어내기 위해서 사용한 연료와 산소를 던지는 물질로 삼는 유리한 방법입니다. 가벼움이 생명인 발사 로켓에게는 가장 좋은 방법입니다. 그러나 이 방법 때문에 한계도 생깁니다. 던지는 물질을 결정하면 던지는 에너지도 정해지므로 던지는 속도도 자동적으로 정해지고 만다는 점이에요. 예를 들면 수소 2그램과 산소 16그램을 태우면 기체 18그램인 물과 241KJ의 에너지가 나옵니다(아래쪽 그림). 이 에너지를 전부 던지는 에너지로 사용했다고 하면 그 속도는 약 5km/s입니다. 이 조합에서는 아무리 힘내도 그 이상의 속도를 낼 수 없습니다. 즉 속도의 한계가 존재합니다.

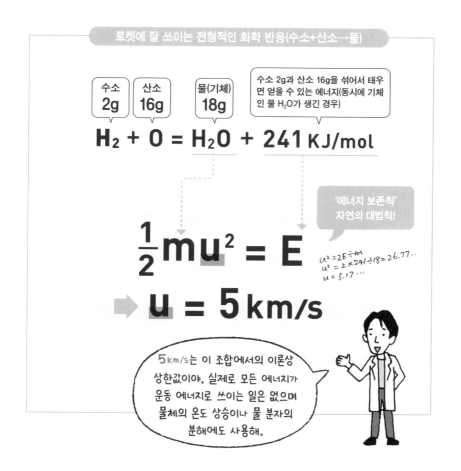

로켓에 잘 쓰이는 전형적인 화학 반응(수소+산소→물)

수소 **2g** 산소 **16g** 물(기체) **18g**

수소 2g과 산소 16g을 섞어서 태우면 얻을 수 있는 에너지(동시에 기체인 물 H_2O가 생긴 경우)

$$H_2 + O = H_2O + 241 \, KJ/mol$$

'에너지 보존칙' 자연의 대법칙!

$$\frac{1}{2}mu^2 = E$$

$u^2 = 2E \div m$
$u^2 = 2 \times 241 \div 18 = 26.77\cdots$
$u = 5.17\cdots$

$$\Rightarrow u = 5 \, km/s$$

5km/s는 이 조합에서의 이론상 상한값이야. 실제로 모든 에너지가 운동 에너지로 쓰이는 일은 없으며 물체의 온도 상승이나 물 분자의 분해에도 사용해.

세계 발사 로켓의 성능 비교

그럼 세계의 발사 로켓을 살펴보겠습니다. 어느 로켓이든 다 크지만 무엇을 우주로 운반하고 어떤 식으로 분리하느냐에 따라 크기와 형태가 다양합니다. 로켓 아래쪽에는 1단 엔진의 능력이 쓰여 있습니다. 무엇과 무엇을 태우는지 그 조합과 분출되는 가스의 평균적인 속도(배기 속도 u), 엔진이 로켓을 미는 힘(추력)입니다.

배기 속도는 추진제의 조합에 따라 대체로 정해져 있습니다. 가장 큰 속도를 얻을 수 있는 조합은 앞에서 설명한 수소와 산소이며 4km/s를 초과합니

발사 로켓의 성능 비교

100m

50m

소유즈Soyuz-FG / RD-107/108 (총 5기)

H2 / LE-9(2~3기)

아리안V ECA / 발칸 2(1기)

우주왕복선 / RS-25(3기)

추진제	액체 산소/케로신(등유)	액체 산소/액체 수소	액체 산소/액체 수소	액체 산소/액체 수소
배기 속도	3.1km/s	4.2km/s	4.3km/s	4.4km/s
추력	1.0MN	1.5MN	1.3MN	2.3MN

(1단 엔진, 1기당)

※ MN(메가뉴턴) : N(뉴턴)은 힘의 단위. 질량 1kg을 갖는 물체에 1m/s²의 가속도를 발생시키는 힘.
  M(메가)은 100만의 의미로 1MN은 100톤의 물질을 들어 올릴 수 있는 엔진을 의미한다.
  단 여기서는 전진(상승)하지 않으므로 가속한다면 더 큰 추력(예를 들면 2MN)이 필요하다.

다. 한편 3km/s로 떨어지지만 기름과 산소의 조합도 인기가 있어요. 이 조합은 수소를 탱크에 많이 넣으려면 영하 250도로 차갑게 식혀야 해서 매우 힘들기 때문입니다. 기름은 일반적인 온도로 괜찮아요.

추력은 얼마나 기세 좋게 추진제를 흘려보내느냐에 따라 정해지며 크기에 상관없이 만들 수 있습니다. 하지만 큰 추력의 엔진을 만드는 것은 어려우므로 작은 엔진 여러 개를 묶어서 힘을 늘리는 방식을 채용하는 로켓도 있어요. 1단 엔진은 발사 로켓 전체를 들어 올려야 해서 로켓의 모든 질량에 따라 큰 합계 추력이 선택됩니다.

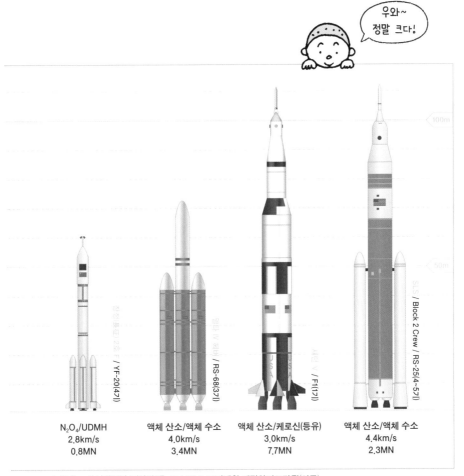

N_2O_4/UDMH	액체 산소/액체 수소	액체 산소/케로신(등유)	액체 산소/액체 수소
2.8km/s	4.0km/s	3.0km/s	4.4km/s
0.8MN	3.4MN	7.7MN	2.3MN

※ N_2O_4 : 사산화이질소(산화제) ※ UDMH : 비대칭 메틸하이드라진(연료)

고체 로켓은 장인 기술의 결정체

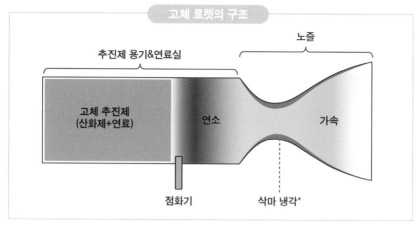

고체 로켓의 구조

노즐

추진제 용기&연료실

고체 추진제
(산화제+연료)

연소

가속

점화기

삭마 냉각*

기본 원리는 산화제와 연료를 잘 섞어 하나로 만든 고체 추진제(보라색)에 연소실(빨간색~노란색)의 점화기로 불을 붙여 태워서 나온 가스를 노즐로 배출하는 것.

가장 흔히 볼 수 있는 발사 로켓은 어떤 것일까요? 저는 가장 먼저 로켓 불꽃을 예로 들겠습니다. 불꽃놀이의 연료인 화약은 산소와 비슷한 성질을 가진 가루를 연료와 섞어서 굳힌 것이므로 불을 붙이면 주위에 공기가 없어도 타오릅니다. 로켓 불꽃은 화약을 통에 넣어서 태우고 분출하는 가스 힘으로 날아오르므로 그야말로 발사 로켓입니다. 하지만 로켓 불꽃은 마지막에 '펑!' 하고 화려하게 파열하는데 우주선을 발사할 때는 있어서는 안 될 일입니다.

이러한 화약을 사용한 발사 로켓을 '고체 로켓'이라고 합니다. 고체 로켓의 통 속에 화약, 착화 장치가 있으며 불탄 가스가 분출됩니다(위쪽 그림).

고체 로켓은 불꽃의 세계와 마찬가지로 장인 기술의 결정체입니다. 먼저 그 연소 방법에 따라 추력이 나타나는 방법이 달라집니다(p.63, 위쪽 그림). 원기둥의 바닥면부터 태우면 불타는 부분이 작으므로 추력을 키울 수 없습니다. 원기둥에 구멍을 뚫어서 태우면 추력은 크지만 구멍이 넓어질수록 추력이 점점 커지고 맙니다(이상적인 모습은 되도록 일정하게 해야 한다).

*삭마 냉각(削磨冷却) : 대기권으로 다시 들어올 때 발생하는 고온 현상으로부터 우주선 등의 표면을 보호하기 위하여 사용하는 방법. 융제 처리를 하여 열을 막는다.

그래서 생각해낸 것이 별모양의 구멍을 뚫는 방법입니다(아래쪽 그림). 구멍이 작을 때는 별모양이 확실하지만 넓어짐에 따라 별의 모서리가 둥그레져서 큰 추력을 변화시키지 않고 낼 수 있습니다. 또한 화약 속에는 연료와 산화제 외에 다양한 재료를 넣어서 연기의 양, 단단한 정도, 잘 타는 정도를 조절합니다. 이것들은 약의 조합과 같아서 제조자 고유의 비밀 기술이라고 할 수 있어요.

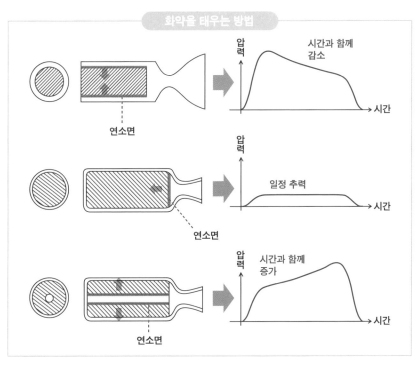

화약을 태우는 방법

연소면

압력 · 시간

시간과 함께 감소

연소면

일정 추력

연소면

시간과 함께 증가

슬롯이 달린 원형관과 칼집 패턴

별 다공 결정 개의 뼈

🚀 성능은 좋지만 구조가 복잡한 액체 엔진

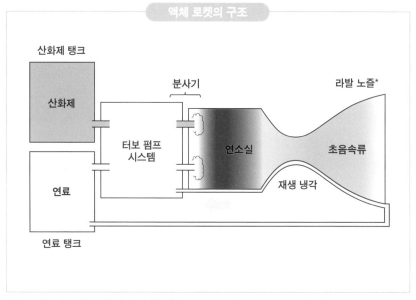

액체 로켓의 구조

산화제 탱크

산화제

분사기

라발 노즐*

터보 펌프
시스템

연소실

초음속류

연료

재생 냉각

연료 탱크

기본 원리는 산화제(분홍색)와 연료(하늘색)라고 불리는 2개의 액체를 연소실(빨간색~노란색)에 보내 태워서 나온 가스를 노즐로 배출하는 것.

　현재 발사 로켓의 주력은 액체를 이용한 액체 로켓입니다. 연료와 산소가 액체로 탱크에 들어 있으며 이것을 연료실로 보내 태워서 가스를 분출합니다. 액체를 사용하는 이점은 온/오프와 추력의 강도를 조절할 수 있다는 점입니다. 고체 로켓은 불꽃과 똑같아서 한 번 붙으면 멈추지 않습니다. 또한 액체 로켓은 고체 로켓에 비해 분출하는 가스의 속도를 크게 할 수 있는 연소 조합이 있는 점도 큰 특징입니다. 앞에서도 등장한 수소와 산소의 조합이 대표적이며 일반적인 고체 로켓의 두 배에 가까운 속도를 낼 수 있어요.

　편리한 액체 로켓이지만 커다란 장벽 하나가 있습니다. 바로 액체를 연소실에 보내는 것입니다. 연소실에서는 타버린 가스가 서로에게 굉장한 힘으로 밀고 있어서 여기에 액체를 보내려면 훨씬 더 큰 힘이 필요합니다. 이 때문에 강력한 펌프를 사용하여 액체를 밀어 넣습니다. 단 펌프를 움직이려면 에너지가

*라발 노즐(Laval nozzle) : 천문 초음속으로 비행할 때 사용하는 노즐.

필요한데 지상처럼 콘센트로 전기를 받을 수 없습니다. 그래서 연료와 산소를 조금만 빌려서 태우거나 연소실의 열을 받아서 펌프를 돌리는 에너지를 얻습니다. 이것이 터보 펌프라고 하는 장치로 액체 로켓의 심장부이며 가장 개발이 어려운 부분입니다.

발사 로켓 개발의 어려움은 이 터보 펌프에 있다고 해도 좋을 정도입니다. 실제로 액체 로켓 개발은 1980년부터 1990년 무렵에는 최고 성능을 목표로 했지만 2000년 이후가 되자 성능을 조금 떨어뜨려서라도 개발 위험이 줄어드는 엔진을 선택하게 되었습니다. 이는 연료로서 수소가 아니라 기름을 선택하거나 작은 엔진 여러 개를 묶는 것으로 나타나고 있습니다. 단순히 최고 성능을 목표로 하지 않고 종합적으로 봐서 가격 대비 성능이 가장 높아지는 방법을 골라낸 것입니다.

'팰컨 9'의 1단 엔진

'octaweb(옥타웹)'이라고 하는 원형으로 배치한 지상용 엔진. 엔진 9기는 가운데의 1기를 에워싸듯이 8기가 배치되어 있다(ⒸSteve Jurvetson).

음속의 불가사의를 이용하는 '노즐'

'슈퍼 드라코'의 연소 테스트

슈퍼 드라코 엔진 | 스페이스X의 유인 우주선 '드래곤 2'에 사용하는 액체 엔진(ⓒSpaceX).

　연료와 산소를 태워서 나온 가스를 분출하는 출구에도 아이디어가 필요합니다. 여러분도 강렬한 빛과 소리를 내는 제트*가 나팔형 분사구에서 나오는 모습을 본 적이 있을 것입니다. 사실 이 출구는 밖에서는 잘 보이지 않지만 처음에는 폭을 좁히다가 그 후에 넓히는 식의 재미있는 모양을 띱니다.

　가스가 흐를 때 출구를 좁히면 흐름이 빨라지는 성질이 있습니다. 이는 호스로 물을 내보낼 때 출구를 누르는 것을 떠올려보면 상상하기 쉬울 거예요. 그런데 가스의 흐름에는 또 한 가지 기묘한 성질이 있습니다. 흐름이 소리의 속도인 음속을 초월하면 모든 성질이 반대가 됩니다. 즉 출구를 좁게 하면 흐름이 느려지고 넓혀 가면 빨라집니다. 이는 곤란하게도 출구를 좁히는 것만으로는 흐름이 음속을 초월할 수 없습니다. 물질을 조금이라도 빨리 던지고 싶은 로켓은 속도를 좀 더 원합니다. 그래서 폭을 좁힌 후에 넓히는 2단계 작

*제트 : 가는 구멍에서 가스, 물 따위가 연속적으로 뿜어져 나오는 일, 또는 그 분출물

전입니다. 가장 좁은 곳에서 흐름을 음속으로 하고 그 후에 넓힐 때 음속을 초월하여 가속하는 것입니다. 이것이 실제 로켓에서 사용되는 로켓 노즐이며 음속보다 몇 배나 빠른 속도로 가스를 분출합니다.

가스의 흐름이 음속을 초월하면 그 외에도 재미있는 현상이 일어납니다. 그중 하나가 충격파입니다. 흐름의 속도나 농도가 불연속적으로 달라지는 현상으로 그 모습은 육안으로 보이는 것도 있습니다. 로켓 노즐에서 나오는 제트를 잘 보면 주기적인 무늬가 보일 때가 있습니다. 이는 '마하 디스크'나 '쇼크 다이아몬드'라고 하며 음속을 초월한 흐름의 특징입니다.

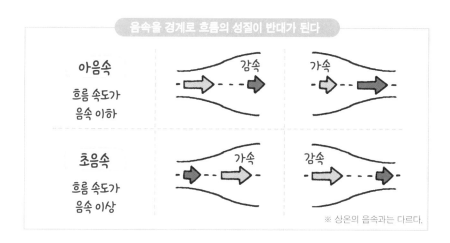

제트 엔진에서 볼 수 있는 쇼크 다이아몬드(ⒸNASA).

\ 비법! /

로켓 재사용이 여는 미래

로켓을 발사할 때 다단식 로켓에서 분리된 엔진은 사실 일회용입니다. 그러나 최근 들어 로켓 1단 착륙에 성공해서 재사용의 길이 열렸습니다. 이는 발사 비용 절감으로 이어져서 새로운 우주 산업을 기대하게 합니다.

재사용할 수 있나요?

발사 횟수를 늘리는 비용 절감의 미래

최근 들어 우주 개발의 트렌드는 나라의 위신을 건 고성능 기술 개발에서 민간이 주도하는 비용과 신뢰성의 개발로 바뀌었습니다. 그 대표격이 미국의 민간기업 스페이스X입니다. 이 회사는 약 1천억 원 정도가 시세인 로켓을 약 830억 원으로 가격을 줄였습니다(p.70).

이 회사의 비용 절감 비결을 살펴보겠습니다. '팰컨 9'라는 로켓의 엔진은 액체인 기름과 산소를 사용하며 배기 속도는 3km/s, 1기당 추력은 86톤입니다. 성능은 높지 않지만 개발 난이도를 낮춰서 비용과 신뢰성을 중시했습니다. 이 로켓의 가장 큰 특징은 발사 빈도입니다. 현재 연간 20대 전후로 일반적인 로켓의 연간 1~4대에 비해 압도적으로 많습니다. 또한 로켓 1기에 엔진 10기를 사용하기 때문에 엔진은 그 10배의 작동을 경험합니다. 이 압도적인 작동 실적을 토대로 기술 개발을 진행하는 점이 비용 절감의 비결이에요.

로켓 1단의 착륙 모습

착륙!

스페이스X는 발사 로켓의 1단 착륙과 재사용에 성공했다. 발사 후 2단과 분리해서 약 8분 정도 만에 지상으로 돌아온다(ⓒSpaceX).

스페이스X가 주목을 모으는 또 다른 이유가 있습니다. 발사 로켓의 부분적인 재사용입니다. 1단 로켓에 여분의 추진제를 넣어 놓고 2단을 우주로 보낸 후 지상으로 내려서 재사용합니다. 단 로켓은 쉽게 서는 외형이 아니므로 이착지는 매우 어려워서 여러 번 실패했습니다. 그러나 이 회사는 인공위성을 보내고 역할을 마친 1단 로켓을 사용하여 시험을 반복했기 때문에 실패로 받은 피해를 최소화하며 '실패의 가치'를 극대화시켜 지금은 확실하게 착지하고 있습니다.

1단 로켓만 선택한 점에서 이 회사의 좋은 사업 감각이 보입니다. 2단 로켓은 인공위성을 우주로 운반하기 때문에 속도와 높이 모두 인공위성과 같습니다. 이 점에서 지표로 돌아오기는 어렵습니다. 그에 비해 1단은 속도와 높이가 낮아서 지표로 돌아오기가 상대적으로 쉽습니다. 그리고 엔진이나 기체는 크기 때문에 회수하는 가성비가 좋은 것입니다.

엔진 재사용에 따른 비용 절감의 현실

로켓 1단을 회수하는 드론선

해상에 떠 있는 드론선 'ASDS'(Autonomous spaceport drone ship)에서 회수된 로켓 1단. 회수된 후에 점검 정비되어 로켓의 재사용을 실현했다(ⓒSpaceX).

　스페이스X는 1단 로켓 회수를 성공시켜서 이미 재사용을 115회나 실시했습니다(2022년 9월 25일 기준). 그럼 이로써 발사 로켓의 가격은 어떻게 될까요? 사실은 그걸 잘 모릅니다. 이 회사의 최고경영책임자인 일론 머스크의 말에 따르면 1단 로켓의 제조비용은 약 150억 원입니다. 이 금액을 빼면 '팰컨 9'의 가격은 약 400억 원 정도인데, 그 금액으로는 해결되지 않습니다. 먼저 재사용에는 점검과 정비가 필수입니다. 일론 머스크는 회수 후의 점검 정비 비용이 약 10억 원이라고 해서 회수가 이득인 듯한 생각이 듭니다. 하지만 회수를 위해서 추진제를 여분으로 싣기 때문에 운반할 수 있는 짐이 30~40퍼센트 줄어드는 점을 잊으면 안 됩니다. 이는 회수하지 못하는 로켓에 비해 매출이 감소하는 것을 의미합니다. 이렇게 생각하면 발사 로켓의 원가는 나올 것 같지만 실제로는 가격이 나오지 않습니다. 가격은 원가로 정해지는 것이 아니라 기업이 설정하는 것이기 때문입니다.

페어링 회수 모습

회수

재사용

나이스 캐치!

낙하산을 사용하여 페어링을 해상에 연착륙시키는 방법에 더해서 배의 그물로 잡는 방법이 시도되고 있다(ⓒSpaceX).

1단 로켓의 회수와 재사용에 성공한 스페이스X는 한층 더 앞을 내다보고 있습니다. 먼저 발사 로켓의 최상부에 있는 페어링 회수와 재사용을 시작했습니다. 페어링은 위성이나 우주선을 공기 저항으로부터 보호하는 덮개인데, 그 비용은 전체의 10퍼센트로 무시할 수 없습니다. 페어링은 낙하산을 이용해 해수면으로 내려오고 그물을 장비한 배가 잡습니다. 엔진과 달리 단순한 구조인 페어링은 해수면에 떨어져도 재사용할 수 있는 모양이며 이미 몇 번이나 재사용했습니다. 2단 로켓에 관해서는 '팰컨 9'에서는 예정이 없지만 후계기인 '스타십'(p.143)에서는 재사용이 예정되어 있습니다. 스타십은 스페이스X가 개발 중인 거대 로켓이며 현재 발사 로켓의 대부분이 지구 둘레를 도는 것을 목표로 하는 것에 비해 스타십은 이름 그대로 '별'을 목표로 하는 로켓입니다.

Space Album

'팰컨 9'의 발사 | 2014년 8월 5일. 홍콩의 통신위성운용회사 '아시아위성 텔레커뮤니케이션즈'의 상용통신위성 '아시아샛 8'을 정지 천이 궤도(Geosynchronous Transfer Orbit, GTO)로 발사했다(©SpaceX).

'새턴 V'의 엔진과 '미국 우주 개발의 선구자' 베르너 폰 브라운Wernher von Braun 박사 | 1920년대의 독일에서 1970년대의 미국까지 베르너 폰 브라운은 로켓 기술의 진전에 크게 공헌했다. 그가 개발한 거대한 '새턴 V'는 아폴로 계획의 발사 로켓으로 확실한 실적을 남겼으며 동서 냉전 하의 우주 개발 경쟁의 승리를 미국에게 가져다줬다(ⓒNASA).

3장

우주에서 무슨 일을 할까?

우리는 왜 막대한 돈을 들여서 전 세계 사람들의 뛰어
난 지혜를 모으고 때로는 목숨까지 걸고 우주를 목표
로 하는 걸까요? 이전까지 미지에 대한 도전이라는 면
이 컸던 우주 개발이 현재는 사업의 발상을 도입해 본
격적인 산업으로 성장하기 위한 큰 전환기를 맞았습
니다. 이 장에서는 주위에서 볼 수 있는 인공위성을
비롯한 우주선의 구조부터 차세대 우주 개발에서 달
이 거점이 되는 이유에 관하여 살펴보겠습니다.

둥실둥실
떠보고 싶어요~.

우주에서 할 수 있는 여러 가지 일

로켓을 사용해서 우주로 나갈 수 있으면 그 다음은 우주에서 무엇을 할지 궁금하지 않나요? 우주와 관련된 인류의 활동을 '우주 개발'이라고 하는데 기상 위성으로 날마다 일기예보의 정확도를 올리고 화성 탐사선으로 아직 알려지지 않은 화성의 모습을 밝히는 등 활동 내용은 매우 다양합니다.

그냥 가기만 하면 안 돼요?

 ## 처음부터 목적이 있어서 우주를 지향한다

지금까지 우주에 가기 위한 방법에 대해 설명했습니다. 그럼 무엇을 위해서 우주에 갈까요? 거기에는 반드시 목적이 있습니다. 단순히 우주에 가면 즐거울 것이라고 생각한다면 목적은 우주여행이 되겠군요(아직 쉽지 않지만). 현재 발사되는 로켓은 전부 어떠한 목적을 갖고 우주에서 일하는 장치를 지상에서 우주로 보냅니다. 즉 로켓은 수단이지 목적이 아닙니다. 또 이 우주에서 일하는 장치를 '우주기' 또는 '우주선'이라고 합니다.

'우주 개발'이라는 말이 있습니다. 좁은 의미로는 우주를 탐험, 탐색, 개척해 나가는 활동을 말하며 더 나아가 새로운 영역이나 장소, 기술을 가리킵니다. 우주 개발을 좀 더 넓은 의미로 보면 탐색된 결과로 우주를 이용하는 것도 포함합니다. 좀 더 정확하게 '우주 개발 이용'이라는 말도 있지만 '우주 개발'이 일반적입니다.

우주에서 날고 있는 것은 전부 '우주선'

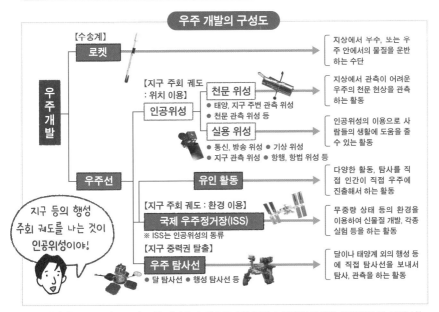

우주 개발의 구성도

- 【수송계】 **로켓** → 지상에서 부수, 또는 우주 안에서의 물질을 운반하는 수단

우주 개발
- **인공위성**
  - 【지구 주회 궤도 : 위치 이용】 **천문 위성** → 지상에서 관측이 어려운 우주의 천문 현상을 관측하는 활동
    - ● 태양, 지구 주변 관측 위성
    - ● 천문 관측 위성 등
  - **실용 위성** → 인공위성의 이용으로 사람들의 생활에 도움을 줄 수 있는 활동
    - ● 통신, 방송 위성 ● 기상 위성
    - ● 지구 관측 위성 ● 항행, 항법 위성 등
- **우주선**
  - **유인 활동** → 다양한 활동, 탐사를 직접 인간이 직접 우주에 진출해서 하는 활동
  - 【지구 주회 궤도 : 환경 이용】 **국제 우주정거장(ISS)** → 무중력 상태 등의 환경을 이용하여 신물질 개발, 각종 실험 등을 하는 활동
    - ※ ISS는 인공위성의 동류
  - 【지구 중력권 탈출】 **우주 탐사선** → 달이나 태양계 외의 행성 등에 직접 탐사선을 보내서 탐사, 관측을 하는 활동
    - ● 달 탐사선 ● 행성 탐사선 등

> 지구 등의 행성 주회 궤도를 나는 것이 인공위성이야!

우주 개발의 주요 구성 요소 | 우주 개발은 수단으로서의 로켓과 목적으로서의 우주선으로 크게 나눌 수 있다(출전 : 후지이 고조藤井孝三, 나미키 미치요시並木道義《완전 도해 우주 수첩完全図解・宇宙手帳》을 변형).

로켓이 우주에 운반하는 장치가 '우주선'인데 그 중에서는 '인공위성'이 가장 많이 알려져 있습니다. 우주선 중에서 가장 유명한 것은 '국제 우주정거장(ISS)'입니다. ISS는 지구의 고도 400킬로미터 정도의 궤도를 날고 있는 우주선이며 우주비행사의 실험과 연구가 목적입니다. 또한 일본의 인공위성 쓰바메*는 지금까지 날지 못한 낮은 고도를 나는 기술을 시험했습니다. 대기에 방해받는 곳에서 이온 엔진을 사용해 계속 날았습니다.

*쓰바메 : 일본어로 제비라는 뜻의 쓰바메는 초저고도(超低高度) 위성 기술을 시험하기 위해 개발됐다.

일본의 실험동 '키보'

【국제 우주정거장 / 저고도】 고도 약 400km | 현재 최대 우주선이며 크기는 축구장 정도(ⓒNASA).

\ 기네스 인정! /

이온 엔진

【천문 위성 쓰바메 / 초저고도】 고도 약 180km | 고도가 매우 낮은 궤도를 이온 엔진을 사용해서 7일 동안 날았다 (ⓒJAXA).

우주에서 천문 현상을 관측하는 천문 위성

허블 우주망원경(HST)

개구 도어

지름 2.4m

이 속에 많은 센서가 있다!
주경(지름 2.4m)

길이 13.1m

태양광 패널

※ 고이득 안테나 : 감도가 높기 때문에 통신 속도가 빠르고 대량의 데이터를 송수신할 수 있다. 안테나의 방향이 조금이라도 어긋나면 통신할 수 없는 결점이 있다.

고이득 안테나※

【망원경 / 지구 저궤도(LEO)】 고도 약 600km | 망원경(빛을 모으는 장치)은 하나지만 4종류의 센서가 달려 있어서 다양하게 관찰할 수 있다. 망원경은 버스 크기 정도이다(ⓒNASA).

천문 위성이나 우주망원경은 우주의 별들을 관찰하는 우주선입니다. 그중에서도 '허블 우주망원경(HST)'은 지금까지 수많은 아름다운 사진을 찍었습니다. 지구 위에서 천체를 관찰하면 공기가 흔들리는 영향을 받지 않습니다. 이 흔들림은 촛불 등의 불 근처에서 아지랑이가 생기는 현상입니다. HST는 우주에서 관찰해 이 흔들림의 영향을 받지 않습니다. 발사한 지 30년이 넘은 인공위성이지만 우주왕복선이 도킹해서 여러 번 수리와 개량 작업을 실시했습니다. .

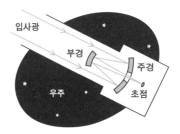

입사광

부경

우주

주경

초점

허블 우주망원경의 구조 | (출전 : 나카오 마사유키中尾政之, MONOist, 2008년 2월 29일 공개)

허블 우주망원경으로 찍은 토성 | 2020년 7월 4일에 찍은 토성의 모습(ⓒSTScI/NASA).

지상의 생활을 편리하게 하는 실용 위성

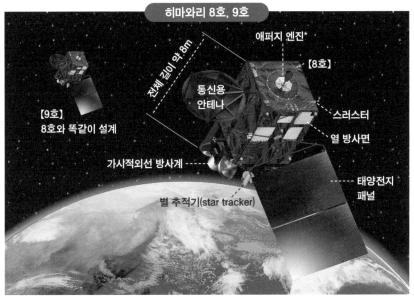

히마와리 8호, 9호

전체 길이 약 8m

애퍼지 엔진*

【8호】

통신용
안테나

【9호】
8호와 똑같이 설계

스러스터

열 방사면

가시적외선 방사계

별 추적기(star tracker)

태양전지
패널

【기상 위성 / 정지 궤도(GEO)】 고도 약 36,000km | H2A 로켓에서 각각 발사된 '히마와리' 8호(2014년)와 9호(2016년)는 발사 시의 질량이 약 3.5톤. 설계 수명은 약 15년 이상이다(ⓒJAXA).

인공위성이 우리 생활에 가져온 가장 큰 혜택은 일기예보와 GPS일 것입니다. '히마와리' 등의 기상 위성은 고도 36,000킬로미터나 떨어진 저편에서 지구를 계속 관찰해서 일기예보에 도움을 줍니다. 이제는 휴대전화나 자동차에 필수적인 GPSGlobal Positioning System는 미국이 가진 전 지구 항법 시스템의 약칭입니다. 지구를 도는 약 30기나 되는 인공위성에서 받은 전파를 이용하여 자신의 위치를 계산해냅니다(p.84). 오늘날은 일기예보와 GPS가 없으면 편히 외출하지 못해요.

흑백 영상

히마와리 7호의 첫 영상 | 흑백이며 해상도가 낮았다(ⓒ일본 기상청).

컬러로 발전

히마와리 8호의 첫 영상 | 해상도가 2배이며 컬러로 바뀌었다(ⓒ일본 기상청).

컬러로
바뀌었구나!

*애퍼지 엔진(Apogee Engien) : 히마와리 8, 9호가 사용한 액체 엔진을 엔진이라고 합니다.
요즘은 액체와 고체 상관없이 모터라고 부르는 경우가 많아서 '애퍼지 모터'라고도 한다.

달의 주회 궤도를 비행한 탐사선

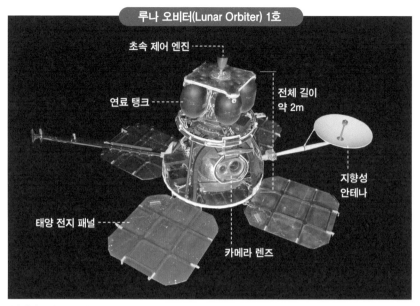

루나 오비터(Lunar Orbiter) 1호

초속 제어 엔진

연료 탱크

전체 길이
약 2m

태양 전지 패널

카메라 렌즈

지향성
안테나

【탐사선 / 달 주회 궤도】 달의 고도 약 40km | 달 표면 착륙을 목표로 한 아폴로 계획을 위해서 달의 지도 작성을 담당한 루나 오비터 계획의 탐사선 5기 중 1호기. 망원렌즈와 광각렌즈를 탑재했다(ⓒNASA).

미지의 별들을 탐사하는 우주 탐사는 우주 개발의 꽃입니다. 누구나 알고 있는 달조차 인류가 그 뒷면을 본 것은 달 탐사선이 등장한 후의 일입니다. 달은 늘 똑같은 면을 지구에 보이며 돌기 때문에 지구에서는 달의 뒷면을 관찰할 수 없어요. 미국의 달 탐사선 '루나 오비터 1호'가 찍은 '지구돋이 Earthrise' 사진(오른쪽)은 탐사선이 지구를 벗어나 달의 뒷면으로 돌았기 때문에 찍을 수 있었습니다. 또한 처음 달의 뒷면을 찍은 것은 소비에트연방(지금의 러시아)의 '루나 3호'입니다(1959년).

달 표면에서 지구가 뜨는 '지구돋이' | 1966년 8월 23일에 '루나 오비터 1호'가 찍은 사진(ⓒNASA/LOIRP).

화성에 보낸 탐사선

최신 로버군요!

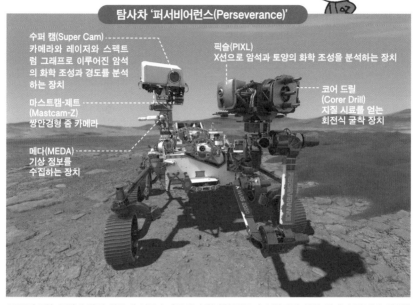

탐사차 '퍼서비어런스(Perseverance)'

수퍼 캠(Super Cam)
카메라와 레이저와 스펙트럼 그래프로 이루어진 암석의 화학 조성과 경도를 분석하는 장치

마스트캠-제트
(Mastcam-Z)
쌍안경형 줌 카메라

메다(MEDA)
기상 정보를
수집하는 장치

픽슬(PIXL)
X선으로 암석과 토양의 화학 조성을 분석하는 장치

코어 드릴
(Corer Drill)
지질 시료를 얻는
회전식 굴착 장치

2021년 2월 18일에 화성 착륙에 성공 | 지구에서 약 2억 킬로미터 떨어진 화성 위에서 탐사를 시작했다. 자율 비행하는 소형 헬리콥터와 연계해서 화성의 생명체 흔적을 찾는다(ⓒNASA/JPL-Caltech).

화성은 달과 나란히 탐사 인기가 높은 곳입니다. 예전에는 화성인이 존재할 수 있다고 생각하기도 했지만 화성 표면을 달리는 탐사차를 보낸 결과 아무래도 없을 것 같다는 사실도 알았습니다(안타까워요!). 하지만 물이 흐른 흔적이 있는 점에서 아주 먼 옛날에는 지구와 비슷한 환경에서 미생물과 같은 생명이 존재했을 것으로 추측합니다. 2021년 2월에 화성에 내려선 탐사차 '퍼서비어런스'의 목적 중 하나는 태고의 생명체 흔적 찾기입니다.

화성 탐사용 헬리콥터 | NASA가 개발한 화성 탐사용 소형 헬리콥터 '인제뉴이티(Ingenuity)'(ⓒNASA/JPL-Caltech).

사상 최초의 화성에서의 공중 촬영 | '인제뉴이티'의 카메라가 찍은 화성의 지면(ⓒNASA/JPL-Caltech).

GPS로 위치를 알 수 있는 구조

우주선이나 인공위성이라고 하면 매우 어려운 장치를 떠올릴 수도 있습니다. 그러나 이러한 우주선과 장난감 무선 조종기를 비교하면 우주선이 먼 우주 공간에서 날고 있는 것 외에는 이 둘이 매우 비슷합니다. 그래서 친근한 GPS 위성의 구조를 설명하며 우주선의 기본에 대해서 조금 자세히 살펴보겠습니다.

어떻게 내가 있는 장소를 알 수 있나요?

 ## 우주선과 무선 조종기를 비교해 보면

'국제 우주정거장(ISS)'처럼 사람이 탑승하는 우주선도 있지만 대부분의 우주선은 무인입니다. 즉 조종은 떨어진 장소에서 사람이 합니다. 떨어진 장소에서 사람이 조종하는 기계라는 점에서 우주선은 무선 조종기와 비슷합니다. 하지만 물론 다른 점이 수두룩해서 여기서는 무선 조종기와 비교하여 우주선의 4가지 특징에 대해 여러분에게 친숙한 GPS 위성을 예로 들어 살펴보겠습니다.

GPS 위성은 지구의 고도 2만 킬로미터를 날고 있는데, 첫째로 무선 조종기와 크게 다른 점은 위치가 너무 멀다는 점입니다. 보이지 않으므로 도대체 어디에 위성이 있는지 알 수 없어요. 또한 무선 조종기처럼 조작을 위해서 안테나 통신이 필요한데 매우 강력한 안테나가 필요합니다.

두 번째는 온도 제어입니다. 무선 조종기일 경우 그 온도는 주위 환경(사막인가 남극인가 등)에 따라 달라집니다. 그러나 우주에서는 공기가 없어서 우주선의 온도가 정해지는 방법이 지상과 완전히 다릅니다(p.34). 1장의 5교시에서 설명했듯이 우주선의 온도는 태양광에서 받은 열과 열방사로 나가는 열의 균형으로 정해지기 때문에 우주선의 표면 재료로 열을 조절합니다.

세 번째로 **전지**입니다. 우주선과 무선 조종기는 둘 다 전지를 갖고 있는데 우주에서는 콘센트에 꽂아서 충전할 수 없습니다. 우주선의 경우 충전은 태양 전지만 의지합니다(p.92). 현재의 우주선은 대부분이 전지와 태양 전지 패널을 모두 탑재해서 빛이 비추는 낮 동안은 태양 전지의 전력을 사용하면서 밤을 대비하여 충전하고 밤에는 충전된 전지로 견딥니다.

마지막 네 번째는 **자세** 제어입니다. 무선 조종기의 경우에도 나아가는 방향을 정하는 자세는 중요합니다(p.93). 또한 우주에서는 3차원적으로 자세의 자유도가 있는 데다 주위에 아무것도 없기 때문에 회전이 멈추지 않아요. 우주선의 자세는 안테나와 태양광 패널의 방향을 정하므로 추진은 물론 통신 및 발전에 매우 중요합니다.

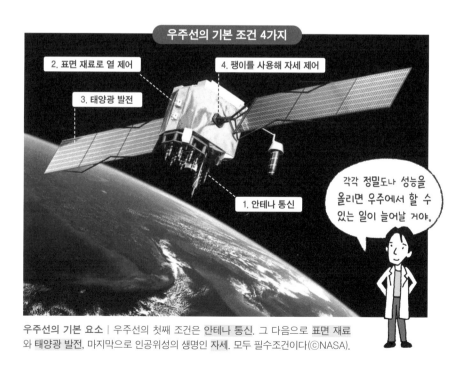

우주선의 기본 요소 | 우주선의 첫째 조건은 안테나 통신. 그 다음으로 **표면 재료**와 **태양광 발전**, 마지막으로 인공위성의 생명인 **자세**. 모두 필수조건이다(ⒸNASA).

약 30대의 위성군으로 위치를 측정한다

GPS 위성의 신호를 스마트폰 등으로 받는다 | GPS 위성은 좀 더 정확한 위치를 결정하기 위해서 늘 지상에서 4대 이상이 보여야 한다. 고도 2만 킬로미터에 30대 이상이 비행하면 실현할 수 있다.

그럼 4가지 특징에 대한 상세한 내용은 다음 시간에 설명하기로 하고 여기에서는 GPS 위성의 구조를 살펴보겠습니다. 일상생활에 필수적인 GPS, 그 구조를 이해해놓으면 분명히 어딘가에서 도움이 될 것입니다.

먼저 GPS 위성은 지구의 고도 2만 킬로미터 부근을 비행하는 30대 정도의 인공위성들입니다. 고도 400킬로미터를 비행하는 ISS와 비교하면 꽤 높은 곳을 날고 있어요. 지구의 지름이 12,000킬로미터이므로 지구의 지름 두 개 분량 정도 먼 곳을 날고 있으니 GPS 위성에서 지구 전체를 잘 바라볼 수 있습니다(물론 지구의 뒤쪽은 보이지 않지만 최대한 지구의 반은 잘 보입니다).

과연 이 GPS 위성들이 무슨 일을 할까요? 전파를 발생하는 안테나를 지구로 향해서 끊임없이 시각과 자신의 위치 정보를 계속 보냅니다. 즉 GPS 위성은 시보 위성(표준 시간 알림 위성)과 같아요. 하지만 위성 자체의 위치 정보도 보내는 점에서 특수한 시보 위성이라고 할 수 있습니다.

2~3대의 GPS 위성으로 위치를 좁힌다

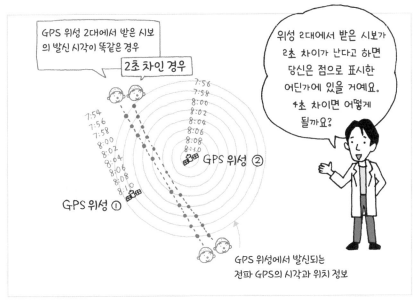

2대의 GPS 위성에서 시보를 받은 경우 | 2대의 전파로 전파를 받는 사람의 위치는 곡선 위로 제한되며 3대의 전파로 위치가 더욱 좁혀진다.

GPS 위성은 전파를 내보낼 뿐인데 우리의 위치를 어떻게 알 수 있을까요? 우선 쉽게 이해하기 위해 평면 위에서 생각해 보겠습니다.

당신은 GPS 위성 2대에서 전파를 받습니다. 2대의 전파 발신 시각이 똑같다면 전파가 나아가는 속도는 똑같기 때문에 당신은 2대의 GPS 위성 한가운데에 있는, 그림의 파란색 점선 위의 어딘가에 있을 것입니다. 또한 2대의 발신 시각이 예를 들어 2초 차이가 날 경우 2대의 GPS 위성에서 계속 내보내는 수많은 전파의 원을 생각하세요. 2초 차이의 원이 교차하는 장소를 연결하면 당신은 그림 속의 빨간색 곡선 위의 어딘가에 있을 것입니다. 여기까지 이해하면 이제 한 고비만 넘기면 됩니다.

마지막으로 다른 GPS 위성에서 내보내는 전파도 받아서 다른 곡선을 그으면 서로 만나는 점이 당신이 있는 장소입니다. 즉 평면일 경우 3대의 GPS 위성에서 전파를 받으면 당신의 위치를 알 수 있습니다.

GPS 위성으로 위치를 알려면 4대가 필요하다

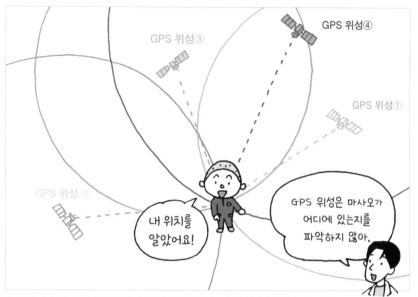

GPS 위성 4대를 통한 위치가 정해지는 방법 | 4대라는 수와 더불어 방향도 중요하다. 위성이 한쪽으로 치우쳐 있으면 정밀도가 낮아지며 하늘의 사방으로 퍼져 있어야 정밀도가 더욱 높아진다.

　지금까지는 평면(2차원)으로 설명했습니다. 실제 우리가 살고 있는 세계는 입체적인 3차원이에요. 이 경우에도 원리는 똑같아서 원을 대신하여 구면을 그리게 되고 높이 방향의 정보가 하나 더 추가되어 GPS 위성 4대가 필요합니다. 즉 GPS 위성 4대의 전파를 파악해서 위치를 계산하는 것은 당신(의 스마트폰)입니다.

　그런데 사실은 좀 더 복잡합니다. 전파의 속도는 정확하게 지구 주위에 있는 플라스마(오로라의 원천과 같은 것) 속을 나아갈 때는 진행이 느려지거나 진로가 바뀝니다. 또한 GPS 위성의 자기 위치 정보도 어긋납니다. 이렇게 되면 계산해낸 자신의 위치가 의심스러워지죠? 그래서 실제로는 4대가 넘는 GPS 위성에서 나오는 신호를 사용해 좀 더 확실한 위치를 계산합니다. 결국 수많은 GPS 위성에서 전파를 파악할수록 더욱 정확하게 자신의 위치를 알 수 있어요.

일본 상공을 비행하는 7대의 준천정위성 '미치비키'

　편리한 GPS에도 두 가지 큰 문제가 있습니다. 하나는 일본에서 사용하기 어려운 점입니다. 대초원이라면 지평선 저편에 있는 GPS 위성도 합쳐서 수많은 신호를 수신할 수 있지만 일본처럼 고층 건축물과 산이 많으면 그럴 수 없어요. 또 하나는 GPS가 미국의 소유물이라는 점입니다. 생활에 필수적인 장치를 다른 나라에 의존하는 것은 매우 위험한 일입니다.

　이런 문제들을 해결하기 위해서 일본은 준천정위성시스템 '미치비키*'의 도입을 추진하고 있습니다. 지구의 회전과 맞춘 특수한 궤도(준천정궤도)를 활용하여 일본 상공에서의 체류 시간이 긴 위성 궤도를 이용합니다. 2018년에는 4대로 운용하기 시작했으며 2023년에는 7대로 운용하는 체제가 예정되어 있습니다.

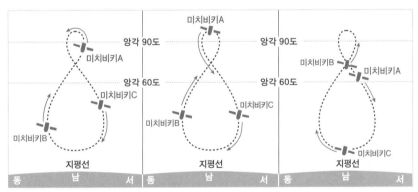

도쿄 부근에서 관측한 '미치비키'의 움직임 | 지상에서 보면 남쪽으로 불룩한 8자의 궤도를 3대가 8시간 간격으로 비행하면 거의 머리 위에 늘 1대가 비행하는 상태가 된다.

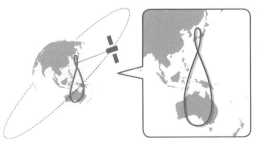

'미치비키'의 궤도 | 보통 적도 위에 있는 정지 위성의 궤도를 기울여서 일본의 바로 위를 지나도록 한 준천정궤도를 이용한다(출전 : '미치비키' 웹사이트).

일본의 상공에 되도록 오랜 시간 있을 수 있게 고안되었어.

*미치비키 : 일본어로 '길잡이'라는 뜻이다. -역주

3 교시

인공위성의 기본

기상 예보나 GPS 등 우주에서 비행하는 인공위성은 다양한 형태로 지구상의 우리에게 도움을 줍니다. 그 인공위성이 역할을 완수하려면 4가지 조건이 필요합니다. 2교시(p.83)에서 언급한 '안테나 통신', '색과 소재', '전지', '자세'에 관하여 자세히 살펴보겠습니다.

필요한 게 많구나.

 인공위성의 위치와 속도를 알려면?

2교시에서 잠깐 설명한 '우주선의 기본 조건 4가지'를 좀 더 자세히 살펴보겠습니다. 위치와 속도를 구하는 것은 우주선의 기본인데 아득히 먼 저편을 비행하는 탐사선은 물론 지구 주위를 비행하는 인공위성이라도 무선 조종처럼 눈으로 보고 해결할 수 없습니다. 이를 위한 해결책이 전파이며 우주선의 첫째 조건은 전파를 주고받는 '안테나 통신'입니다. GPS 위성에 따른 위치 검출도 전파를 이용하고 지구의 저고도를 도는 인공위성에서는 GPS 위성과 똑같은 일을 할 수 있습니다. 또한 GPS 위성이 자신의 위치를 특정하려면 지상에 설치된 기지국에서 내보내는 전파를 사용해 똑같은 일을 합니다.

그럼 GPS 위성보다 더 먼 곳에 있는 인공위성이나 지구를 벗어나 우주를 여행하는 탐사선의 위치와 속도는 어떻게 결정할까요? 여기서도 전파를 이용합니다. 먼저 지상의 안테나에서 탐사선으로 전파를 보내고 탐사선은 그 전파를 받으면 그 자리에서 되돌려 보냅니다. 이때의 시간차에 따라 지상의 안테나와 탐사선의 거리를 알 수 있습니다.

또한 어떤 속도로 움직이는 탐사선이 전파를 내보내면 지상에서 이를 받았을 때 주파수가 어긋납니다. 이는 도플러 효과라고 하며 구급차가 지나갈 때 소리의 높낮이가 변화하는 것과 같은 원리입니다. 이 도플러 효과로 탐사선이 멀어지는 속도를 알 수 있습니다. 그러나 이것만으로는 탐사선의 가로 방향 움직임을 알 수 없어요. 그래서 탐사선과 지구도 서로에게 움직이는 것을 이용해서 몇 번이고 똑같은 측정을 해서 모든 위치와 속도를 추정해나갑니다.

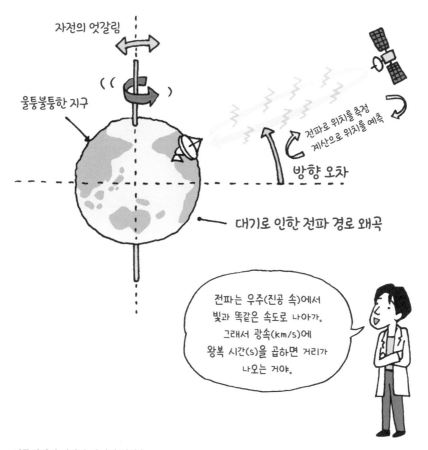

인공위성의 전파와 관련된 실태 |
지상에서 보내는 신호와 인공위성에서 보내는 답신의 모든 전파에도 방해를 받는다. 더욱 정확한 위치와 속도 정보를 얻기 위해서 여러 번 측정한다.

인공위성의 온도는 무엇으로 정해질까?

다음으로 인공위성의 기본 조건 중 두 번째인 온도 제어에 관하여 살펴보겠습니다. 가끔 '우주의 온도는 영하 270도로 춥다'는 표현을 볼 때가 있는데 정확하지 않습니다. '우주의 온도는 영하 270도' 또는 '우주는 춥다'는 말은 맞는 경우도 있지만 두 가지가 늘 관계가 있다고 할 수는 없습니다. 우리가 느끼는 더위와 추위는 몸에 들어오는 열량의 크기를 나타냅니다. 우주에서는 주위에 거의 아무것도 없기 때문에 우주의 온도 자체는 덥거나 추운 것과 관계가 없습니다. 그런 우주에서 더위와 추위를 결정하는 것은 1장 5교시에서 설명한 열방사입니다. 태양에서 받은 열방사(빛)와 인공위성에서 나가는 열방사. 인공위성의 온도는 이 두 가지의 균형으로 결정됩니다.

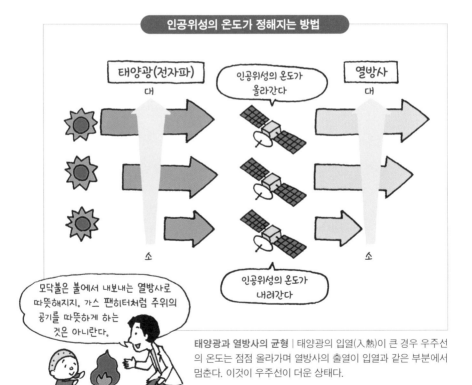

태양광과 열방사의 균형 | 태양광의 입열(入熱)이 큰 경우 우주선의 온도는 점점 올라가며 열방사의 출열이 입열과 같은 부분에서 멈춘다. 이것이 우주선이 더운 상태다.

인공위성의 색과 소재는 목적지에 따라 바꾼다

우주선의 온도를 적절히 유지하려면 태양광과 열방사의 균형이 중요하며 이를 잘 조정해야 합니다.

먼저 태양광이 열을 흡수하는 방법은 간단해요. 과학 실험으로도 잘 알고 있듯이 검은색은 빛을 잘 흡수하고 흰색은 빛을 반사합니다. 그러나 열방사는 쉽지 않아요. 재료나 표면 상태에 따라 달라져서 눈으로 봐서는 판단할 수 없습니다. 상온에 있는 물체에서 나오는 열방사로 인한 전자파를 적외선이라고 하는데(p.34), 인간의 눈에는 이 적외선이 보이지 않기 때문이에요. 하지만 반짝반짝 빛나는 표면이나 금속은 열방사가 적고 까슬까슬한 면이나 고무는 열방사가 큰 경향이 있습니다. 이러한 온도의 기본 특성은 우주선의 색으로 나타나기도 해요.

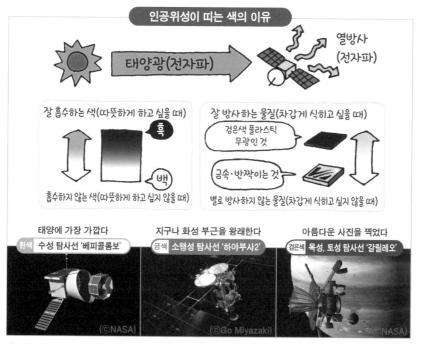

탐사선의 색과 소재는 목적지로 달라진다 | 수성 탐사선 '베피콜롬보'의 흰색 외관은 태양광을 최대한 받아들이지 않기 위함이다. 목성, 토성 탐사선 '갈릴레오'는 그와 반대로 검은색이며 소행성 탐사선 '하야부사'는 중간인 금색이다.

🚀 에너지원은 태양전지와 전지

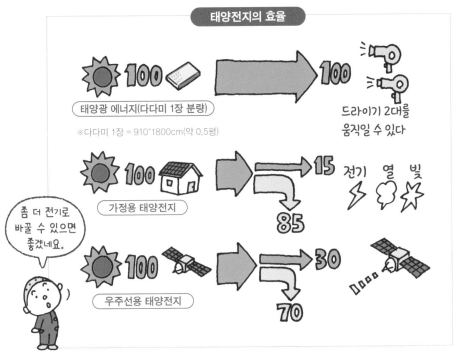

우주선은 성능 중시 | 가정용의 경우 성능도 중요하지만 오랜 세월에 걸친 비, 바람, 눈에 대한 내구성과 비용이 중시된다. 우주선의 경우에는 비용보다 성능을 중시한다.

　우주선의 기본 조건 세 번째는 전지였습니다. 이제는 일상생활에서도 친숙한 태양전지를 사용합니다. 태양전지로 발전한 전력을 배터리에 담아서 사용합니다.

　우주에서는 지상에서 쓰는 태양전지보다 비싸고 성능이 높은 것을 사용합니다. 실제로 집의 지붕에 달려 있는 패널은 태양광 에너지의 최대 15퍼센트 정도를 전기로 바꿀 수 있는 것에 비해서 우주선용 패널은 30퍼센트 정도로 비율이 높습니다. 우주선에서의 모든 조작은 전기를 사용하므로 사용할 수 있는 전력이 그 우주선의 능력 자체라고 할 수 있어요. 인공위성이나 탐사선의 성능이 예전에 비해 올라간 이유 중 하나는 태양전지 효율의 상승에 있습니다.

스핀 위성과 3축 제어 위성 | 돌고 있는 팽이는 쓰러지지 않는 것과 똑같은 원리이며 우주선은 그 자세를 유지하거나 바꾼다. 이 팽이들은 모터로 돌고 있다.

태양전지로 충전하기 위해서, 또 전파를 어떤 방향으로 좁혀서 방출해 지구와 교신하기 위해서 자세는 우주선의 생명선입니다. 하지만 우주선 주위에는 아무것도 없기 때문에 자세의 방향을 유지하거나 바꾸는 것은 쉽지 않습니다.

그래서 우주선은 회전을 이용합니다. 먼저 초기의 우주선에서는 팽이가 쓰러지지 않는 것과 똑같은 원리로 본체를 회전시켜서 자세를 유지했습니다. 첫번째 회전이나 중간 회전을 변경할 때는 작은 로켓 엔진을 사용합니다. 한편 최근의 우주선에서는 3축 제어라고 하는 방법이 흔히 사용됩니다. 자신을 회전시키는 대신에 회전하는 팽이를 내부에 보유하는 방법입니다. 이는 우주선 전체에 회전량이 유지되는 성질을 사용하여 팽이의 회전수를 바꿔서 자유롭게 방향을 변경합니다.

전기 추진은 대단하다, 전체 전기화 위성도 대단하다

지상에서는 전기자동차가 달리고 전체 전기화한 집도 있습니다. 사실 우주에서도 전체 전기화의 물결이 일고 있어요. 특히 우주 산업계에서 가장 큰 수요를 자랑하는 통신 위성 등의 정지 위성은 하야부사*에도 채용된 '전기 추진'을 사용한 소형화의 흐름이 생기기 시작했습니다.

왜 전기를 사용하나요?

우주선에도 필요한 로켓 엔진

발사 로켓은 지구에 가까운 궤도까지 우주선을 운반해 줍니다. 그곳부터는 우주선이 탑재한 로켓 엔진이 활약합니다. 산업적으로 가장 성공한 정지 위성을 예로 들어 살펴보겠습니다.

정지 위성이란 적도 상공을 36,000킬로미터에 있는 원 궤도(오른쪽 그림)로 지구의 자전과 똑같은 주기로 지구를 도는 궤도를 비행하는 인공위성입니다. 지표에서 보면 정지 위성은 늘 멈춰 있는 것처럼 보이므로 통신이나 방송에 편리한 위성이에요. 위성이 정지 궤도(GEO)에 갈 경우 발사 로켓은 오른쪽 그림의 타원 궤도(노란색)까지 운반해주며 그 끝의 GEO(오른쪽 그림)에 가려면 로켓 엔진의 가속이 필요합니다. 이를 위한 가속량은 약 1.5km/s이며 발사의 약 10km/s와 비교하면 작지만 상당합니다.

---

*하야부사 탐사선 : 일본이 독자적으로 개발한 소행성 탐사우주선으로, 2005년 소행성 이토카*와 표면의 토양 등을 채취해 2007년 지구로 귀환했다.

*이토카와(Itokawa, 糸川)는 아폴로군에 속하는 소행성으로 화성횡단 소행성이기도 하다. 일본의 우주 개발의 아버지로 알려져있는 이토카와 히데오가 이름의 유래이다.

조금씩 궤도를 변경해가며 비행하는 위성

로켓 엔진은 조금씩 분출해서 궤도를 조정하는 일에도 사용됩니다. 예를 들면 정지 위성은 지구 회전에 맞춰서 적도 상공을 계속 나는데, 이때 지구뿐만 아니라 달과 태양, 다른 행성의 중력을 조금이나마 받습니다. 그래서 GEO의 원은 적도에서 조금씩 기울어져 위성을 지표에서 봤을 때 위쪽과 아래쪽으로 움직이는 거예요. 이런 오차를 방지하기 위해서 정지 위성은 GEO에 도착 후에도 엔진을 조금씩 분출해서 궤도를 유지합니다.

1교시에 등장한 '쓰바메'나 ISS처럼(p.77) 지구에 가까운 곳을 나는 위성은 희박한 대기의 영향을 받아서 서서히 고도가 내려갑니다. 이를 방지하기 위해서라도 로켓 엔진을 사용해 고도를 유지합니다.

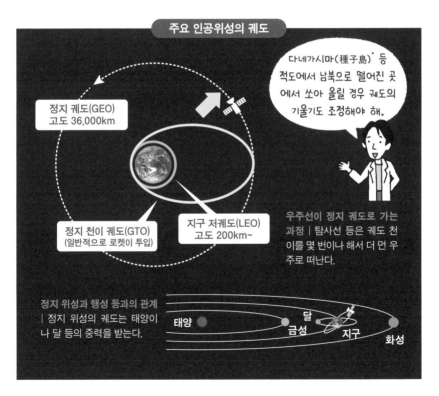

*다네가시마섬(Tanegashima, 種子島, 종자도) : 일본 규슈 가고시마현 오스미반도 남쪽 해상에 있는 섬

전기를 사용해서 물질을 던지는 '전기 추진'

'하야부사'의 이온 엔진 | 필자가 운용에 참여한 '하야부사'의 이온 엔진으로 이온 엔진 4기를 실었다. 오른쪽의 사진 두 장은 다양한 시험의 모습이다(사진 모두 ⓒJAXA).

  우주로 나간 후 우주선의 로켓 엔진을 가속하기란 쉽지 않습니다. 거대한 발사 로켓으로 고생하며 약간의 질량을 우주로 보냈는데 또 우주선의 질량을 희생하기 때문입니다. 실제로 정지 위성이 궤도 천이와 궤도 유지(10년 치)를 하는데 필요한 가속량은 합계 약 2.0km/s입니다. 이 가속을 화학 추진 로켓(p.58)으로 실시하면 우주선 질량의 약 절반을 추진제로 삼아야 합니다.

  그래서 이온 엔진으로 대표되는 전기 추진 로켓이 등장했습니다. 배기 속도를 올려서 가속 효율을 높입니다. 전기 추진에서는 태양전지로 발생시킨 전기 에너지를 추진제의 운동 에너지로 삼습니다. 어떤 시간에 발생한 에너지를 어느 정도의 추진제로 넘길지 결정해서 배기 속도를 자유롭게 선택할 수 있습니다. 이렇게 해서 전기 추진 로켓에서는 화학 추진 로켓의 10배나 되는 배기 속도를 얻을 수 있습니다.

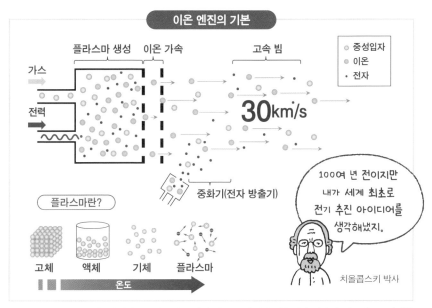

가벼운 전자보다 이온을 던진다 | 플라스마 속에서 이온을 선택해 배출하면 전자가 남는다. 그 전자들은 도선 안을 통과해 다른 출구(중화기)에서 밖으로 배출된다.

전기 추진에 관하여 이온 엔진을 예로 들어 구조를 살펴보겠습니다. 전기 에너지를 사용해 물질을 던질 경우 전기의 힘을 그대로 사용하는 것이 효율적입니다. 그러나 일반적인 물체는 전기의 힘에 거의 반응하지 않아요. 물질을 구성하는 원자의 내부에는 플러스 원자핵과 마이너스 전자가 있어서 이것들이 서로 없애기 때문입니다. 그래서 기체 속의 일부 원자에서 전자 하나만 떼어 놓습니다. 전자가 적은 상태의 원자는 플러스 전기를 띠며 이온으로 불립니다. 그렇게 하면 기체 속에는 일반적인 원자, 이온, 전자가 난무하는 플라스마라는 상태가 됩니다. 이 플라스마에 전기의 힘을 가하면 이온 또는 전자를 힘차게 가속할 수 있습니다. 이온 엔진의 경우 먼저 가스와 전기 에너지로 플라스마를 만들고 그때부터 던지기에 적합한 이온만 전기 에너지로 가속하여 밖으로 배출합니다.

전체 전기화 위성이라는 새로운 물결

정지 위성에 이 전기 추진을 사용하면 어떻게 될까요? 화학 추진을 사용한 경우 궤도 천이와 궤도 유지를 위해서 위성의 약 절반을 추진제로 삼아야 했습니다. 그러나 배기 속도 30km/s의 전기 추진을 사용하면 장치와 추진제와 전기 추진에 필요한 장치의 합계량은 위성의 고작 10퍼센트 정도로 해결됩니다.

쉽게 말하자면 위성 전체의 질량이 반으로 줄었다고 생각하세요. 이는 지금까지의 발사 로켓 1기로 정지 위성 2대를 쏘아 올릴 수 있다는 뜻입니다. 발사 로켓의 성능(탑재 능력)을 배로 늘리기란 쉬운 일은 아니지만 이와 똑같은 효과를 위성의 질량을 반으로 해서 달성할 수 있어요. 실제로 이러한 전체 전기화 위성의 실용화가 시작되었습니다.

기술 시험 위성 9호기

통신비용 저감을 목표로 한다 | 2023년도 발사 예정인 전체 전기화 위성. 상업 통신 위성을 사용한 통신비용 절감을 목표로 해서 새로운 전기 추진을 개발하고 궤도 위에서 기술을 실제로 증명할 예정이다.

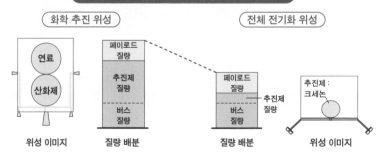

전체 전기화 위성의 장점 | 위성 본체가 2톤이었을 경우 기존의 화학 추진에서는 전체가 4톤이 되었다. 전기 추진을 사용하면 2.2톤으로 해결되며 발사 로켓이 운반하는 위성의 질량이 약 절반 정도까지 줄어든다(출전 : JAXA 사이트 '기술 시험 위성 9호기'를 변경했다).

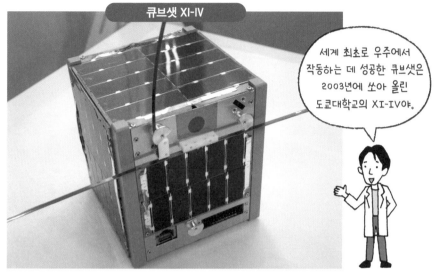

손바닥 크기의 초소형 위성 | 2003년 이후 수많은 대학과 기업이 교육 및 사업을 위해서 큐브샛을 우주로 날려 보내고 있다. 2013년 무렵부터 발사 수가 증가하여 실용화 시대에 돌입했다(ⓒ도쿄대학교).

전체 전기화 위성의 장점은 위성의 경량화에 따른 발사 비용의 절감이라고 할 수도 있습니다. 또한 위성을 초소형 크기로 하면 발사 비용도 대폭으로 낮출 수 있어요. 그래서 초소형 위성(p.146)이 주목받고 있습니다.

우주 개발은 매우 매력적인 분야지만 솔직히 말해서 돈이 너무 많이 들어갑니다. 거대한 발사 로켓(대체로 약 1천억 원)은 도저히 선뜻 살 수 없습니다. 실패할 수 없기 때문에 무난하게 설계해야 하며 개발에는 오랜 시간과 많은 돈이 듭니다. 이래서는 위성을 만드는 사람들이나 그곳에서 사용하는 기술도 그다지 성장하지 않습니다. 다음 발사에서는 돈과 시간이 한층 더 든다는 악순환도 일어납니다.

한편 초소형 위성은 작은 것은 1킬로그램으로 가벼워서 발사 비용을 극적으로 낮추고 악순환을 끊어냅니다. 성능은 희생하더라도 많은 사람들이 높은 빈도로 위성을 만들게 되어 인재와 기술의 성장이 진행되는 좋은 효과를 기대하고 있습니다.

5 교시

달에 대해 알고 싶어요!
물, 암석, 지형

인류가 달에 발을 내딛은 지 반세기가 흘렀습니다. 하늘을 올려다보면 보이는 달은 웬지 잘 알고 있는 기분이 듭니다. 그러나 사실은 21세기가 된 후 세계 각국의 탐사로 달에 물이 확실히 있다는 사실을 알았고 커다란 동굴의 존재도 밝혀졌습니다.

달은 물기가 없어 보이는데요?

달

🚀 가깝고도 먼 달을 향하여

지구 주위를 벗어나 다른 천체로서 달 탐사에 주목해 볼까요? 현재 세계 각국의 우주기관이 목표로 하는 탐사지는 달이고 그 다음에 화성을 내다보고 있습니다. 키워드는 물과 생명이에요.

달은 지구 한 바퀴를 도는 시간이 약 27일이며 '한 달'의 기초가 되었습니다. 이 공전 주기가 달의 자전 주기와 완전히 일치하기 때문에 달은 늘 표면을 지구로 향합니다. 즉 탐사선을 날려 보내지 않는 한 뒷면을 완전히 관측할 수 없습니다. 달은 아주 먼 옛날부터 인간에게 보였지만 바로 최근까지 뒷면을 한 번도 보어준 적이 없었다니 정말로 재미있지 않나요?

정지 궤도
(GEO)

지구 저궤도
(LEO)

달까지의 거리 | 정지 위성과 지구의 거리는 그 사이에 지구 3개가 들어가는 정도이다. 한편 달과 지구의 거리는 지구 30개 분량이다. 비교하면 달은 꽤 멀리 있다는 사실을 알 수 있다.

달에 물은 있다? 없다?

미국의 아폴로 계획에서는 달 근처의 공간에 물의 존재를 나타내는 데이터를 얻을 수 있었습니다. 그 존재를 결정지은 것은 인도의 '찬드라얀 Chandrayaan 1호'(2008년 발사)가 측정한 데이터입니다. 측정기를 달 표면에 떨어뜨려서 날아오르는 먼지 속에서 얼음의 존재를 검출했습니다. 그와 동시에 측정기가 하강 중에는 아폴로 이후 처음으로 수증기를 검출했어요. 또한 달 표면의 곳곳에 수화물(물이 다른 화합물에 결합되어 있는 화합물)이 존재하며 극 지역에서 많다는 것을 발견했습니다. 또한 미국의 '엘크로스 LCROSS'(2009년 발사)는 발사 로켓의 2단을 달 표면에 충돌시키고 그 분출 가스의 내부를 통과하여 5.6퍼센트나 되는 물을 검출했습니다. 현재 달에 물이 존재하는 사실은 수많은 과학자들이 인정했습니다.

관측 기기류를 준비하는 우주비행사 | '아폴로 14호'는 수증기 이온의 존재를 관측했다. 하지만 그것은 달 표면이 아니라 달 근처의 공중이었다(ⓒNASA).

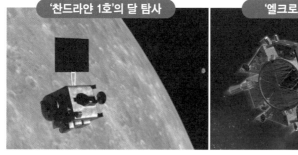

달의 물 존재를 결정지었다 | 인도의 탐사선 이름은 힌디어로 '달 탐사선'이다(ⓒDoug Ellison).

달의 물을 검출 | LRO(p.105)와 함께 발사했으며 달의 남극 지역에서 물의 존재를 확인했다(ⓒNASA).

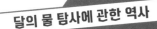

달의 물 탐사에 관한 역사

나에게 달은 언제나 특별한 존재였기 때문에 〈달 위에서(1893)〉라는 SF를 썼다네.

치올콥스키 박사

1971년 미국
아폴로 14호
(Apollo 14)

달 표면의 열이온을 검출하는 실험으로 달 표면 근처의 수증기 이온을 관측했다. 달에서 가지고 돌아온 42.75kg짜리 암석은 최근의 연구를 통해 지구에서 유래되었다는 설도 나왔다.

1998년 미국
루나 프로스펙터
(Lunar Prospector)

'클레멘타인'이 발견한 얼음을 높은 정밀도로 재확인했다. 수증기 발생을 지구에서 확인하기 위해 달의 남극에 있는 분화구에 충돌시키는 시도는 실패했다.

1994년 미국
클레멘타인
(Clementine)

달의 주회 궤도에서 관측하여 태양이 닿지 않는 달의 양극 지역 분화구에서 퇴적하는 얼음을 발견했다.

2007년 중국

창어(嫦娥) 1호

탑재한 CCD 카메라로 달 표면의 3D 영상을 찍었다. 달의 얼음이 있다고 판단되는 극 지역의 상세한 촬영을 시도했다.

2005년 미국

딥 임팩트 (Deep Impact)

목적인 혜성을 향하기 위한 달의 플라이바이* 때 관측해서 달의 물 존재를 나타내는 데이터를 얻었다.

2009년 미국

엘크로스 Lunar Reconnaissance Orbiter

2단 로켓과 '엘크로스' 위성을 달의 남극에 충돌시켜 피어오른 연기에서 얼음 형태를 띤 물의 존재를 확인했다.

2020년 미국, 독일

소피아 (Sofia)

적외선 망원경을 통한 관측으로 달의 분화구 표면에서 물 분자를 검출했다. 달의 양극뿐만 아니라 달 표면에 물이 널리 존재할 가능성을 제시했다.

2008년 인도

찬드라얀 1호

소형 달 표면 충돌 유닛을 분리하여 달의 남극에 충돌시켜서 발생한 먼지를 분석했더니 달 표면의 물 존재를 확인시켜 주는 결과를 얻었다. 달의 극 지역에 있는 얼음의 총량은 6억 톤이 넘는다고 추산되기도 했다.

달의 물은 얼음 상태라고 해.

*플라이바이(flyby) : 행성 주위를 지나가는 우주선이 그 행성의 중력을 이용하여 속도를 바꾸어 가며 궤도를 수정하는 일

달의 거대 동굴을 발견했다!

NASA의 아폴로 계획 이후 규모상 최대의 달 탐사선 '셀레네SELENE', 애칭은 '가구야'입니다. 종속위성 '오키나'와 '오우나'와 합해서 3톤인 '거체'는 일본산 H2A 로켓으로 2007년에 발사되었습니다. '가구야'는 달의 자기장을 관측하는 장치 등 다양한 기기를 탑재해서 여러 가지 성과를 거뒀습니다. 그 중에서도 지형 카메라가 포착한 마리우스 언덕에 있는 깊이 팬 거대한 구멍이 주목을 받았습니다. 유인 달 탐사를 실시할 때 방사선이나 운석을 피할 수 있는 기지로 이용되길 기대하고 있습니다.

달 주회 위성 '가구야(Kaguya)' | 2007년에 발사되어 달의 고도 약 100km의 극, 원 궤도를 주회하며 탐사했다(ⓒJAXA).

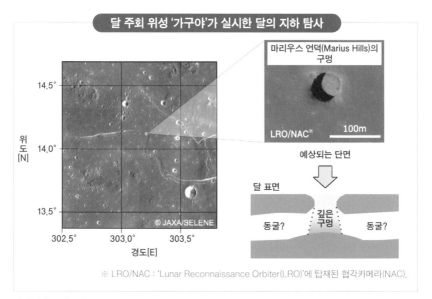

※ LRO/NAC : 'Lunar Reconnaissance Orbiter(LRO)'에 탑재된 협각카메라(NAC).

탐사기지로 기대되는 동굴 | '가구야'의 탐사로 달의 표면에 있는 마리우스 언덕에 지름과 깊이가 50미터인 구멍과 그곳에서 옆으로 약 50킬로미터 길어지는 동굴이 발견되었다(ⓒJAXA).

달의 분화구 '티코(Tycho)'

여기가 티코!

달 표면 | 달의 남부에 위치하는 티코에서 방사상으로 퍼지는 흰색 무늬 '빛줄기'를 볼 수 있다.

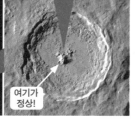

여기가 정상!

티코 | 지름 약 85km, 깊이 4,850m의 원형으로 약 1억 년 전에 천체가 충돌하며 생겼다.

위)
루나 리커니슨스 오비터(Lunar Reconnaissance Orbiter, LRO)가 찍은 달 표면에 뻗는 그림자 | 높이 약 2,000m인 달 표면 분화구 '티코'의 가운데 정상 (ⓒNASA/Goddard/Arizona State University).

루나 리커니슨스 오비터Lunar Reconnaissance Orbiter, LRO는 앞으로 유인 탐사선의 가능성을 탐색하는 것을 목적으로 해서 2009년에 아틀라스V형 로켓을 이용해 달에 발사되었습니다. LRO는 달 주회 궤도로 들어가서 달의 상세한 지도를 작성했습니다. 이는 미래에 유인 달 탐사를 할 때 착륙 지점을 선정하는 데 이용할 수 있습니다. 앞에서 소개한 '엘클로스'는 LRO의

루나 리커니슨스 오비터(Lunar Reconnaissance Orbiter, LRO) | 인류가 달 표면에 남긴 흔적 등 선명한 영상을 찍었다 (ⓒNASA).

발사 로켓 변경에 따라 저비용, 단기간에 개발할 수 있는 탐사로 제안되어 함께 발사되었습니다.

전기 추진의 선구자

에른스트 스털링거

미국과 소련의 우주 개발 경쟁 시대의 슈퍼스타라고 하면 베르너 폰 브라운일 것입니다. 세계대전 중에는 독일에서 실시한 V2 로켓 개발의 중심이 되었고 전쟁 후에는 미국 아폴로 계획에서 로켓 개발의 중심이 된 중요 인물입니다. 갑자기 독일에서 미국으로 귀화한 것을 비난하는 사람들도 있지만 '나라'에 흥미가 없을 뿐이지 우주 로켓에 대한 열정이 가득한 사람입니다. 이 베르너 폰 브라운과 함께 독일에서 망명한 사람이 여기서 소개하는 에른스트 스털링거Ernst Stuhlinger입니다.

스털링거가 망명한 지 얼마 안 되는 1947년 어느 날, 베르너 폰 브라운으로부터 전기 추진 연구를 진행하라는 지시가 내려옵니다. 하지만 그는 마음이 내키지 않았습니다. 화학반응을 사용한 발사 로켓은 전쟁 중에 그 일부분을 만들어 보여서 그 후의 우주 개발에서는 주역이 됩니다. 그에 비해 전기 추진은 당시 구체적으로 만들지 못해서 마치 뒷전으로 밀린 것처럼 느꼈을지도 모릅니다. 확실히 전기 추진 마니아인 저라도 당시 상황이라면 화학 추진을 선택하고 싶었을 것 같네요. 그런 스털링거에게 폰 브라운은 '언젠가 전기 추진 로켓으로 화성에 가게 되더

스털링거(왼쪽)와 폰 브라운. 1957년에 월트 디즈니 스튜디오에서 TV 영화에 등장하는 화성으로 향하는 원자력 우주선에 관하여 논의하고 있다(ⓒNASA).

라도 나는 조금도 놀라지 않을 거다'라며 재촉했습니다.

그로부터 12년 후 스털링거는 연구를 정리해서 《우주 비행을 위한 이온 추진》을 집필합니다. 이 책은 전기 추진의 고전적 교과서가 되었으며 현재 스털링거는 모두가 인정하는 전기 추진의 선구자입니다. 또한 전기 추진 로켓 협회에서의 최고 영예인 상은 '스털링거 메달'이라고 칭해졌습니다. 하지만 그래도 여전히 폰 브라운이 더 유명하죠? 언젠가 전기 추진으로 화성에 가는 날이 오면 스털링거는 '우주 항행의 선구자'가 될지도 모릅니다.

4장

우주의 어디까지 갈 수 있을까?

아폴로 계획으로 달 표면에 인류가 발을 내딛은 지 반
세기가 지났습니다. 그 달을 거점으로 한 새로운 우주
개발 계획이 시작되었습니다. 달을 '항구'로 삼아 가장
먼 우주를 목표로 하는 것입니다. 또한 초소형 위성을
통한 심우주 탐사도 본격화되었습니다. 이러한 탐사를
실현하는 것이 '스윙바이(swing by)' 항법인데 소형 이
온 엔진 등의 신기술입니다. 이 장에서는 생명의 수수
께끼에 다가가는 심우주 탐사에 대한 궁금증을 풀어
보겠습니다.

달보다 멀리
가고 싶어요!

두근두근

1 교시

달에서 가장 먼 우주로

인류가 달 표면에 착륙한 지 반세기가 흐른 지금 또 다시 달에 대해 주목하고 있습니다. 예전에는 인류가 아무도 밟지 못한 땅으로 가는 것이 가장 큰 목표였지만, 최근에는 달을 자원으로 개발하는 것을 목적으로 합니다. 또한 먼 심우주*로 가기 위한 '항구'로서의 기대도 높아지고 있습니다.

왜 달을 기준으로 하나요?

*심우주 : 지구에서 200만 킬로미터 이상 떨어진 우주. 지구에서의 거리는 달이 38만 킬로미터, 지구에 가까운 행성인 수성이 평균 1억 5천만 킬로미터, 화성이 평균 2억 3천만 킬로미터입니다.

 알쏭달쏭한 달

지구를 농구공에 비유하면 달의 크기는 야구공 정도입니다. 이 농구공을 높이 3.05미터에 있는 농구골대에 올려놓고 6.75미터 떨어진 3점슛 라인에 야구공을 놓으면 지구와 달의 관계와 같습니다. 또한 달은 지구의 중력에 제한을 받는 느낌이 있는데, 달까지 가면 지구의 중력은 지상의 200분의 1 이하가 됩니다(단 이는 달 표면의 중력과는 다른 이야기이므로 주의하세요).

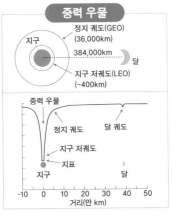

위) 지구 주회 궤도와 달까지의 거리 | ISS가 비행하는 LEO나 기상 위성이 비행하는 GEO에 비해 달은 지구에서 꽤 멀다.
아래) 중력 에너지의 분포 | 중력의 작용을 비탈진 언덕으로 가정하면 지구 표면은 언덕의 가장 깊은 밑바닥에 해당한다.

달은 좀 더 먼 우주로 가기 위한 '항구'

가까운 듯 멀리 떨어진 달을 심우주로 가기 위한 항구로 사용한다는 구상이 전개되었습니다. 지금까지 '국제 우주정거장(ISS)'은 우주의 상징으로 활약해 왔습니다. 그러나 그 고도는 400킬로미터로 우주 스케일로 보면 매우 작은 값입니다. 실제로 우주에서 지구를 보면 ISS는 지구 위에 올라간 듯한 모습입니다. 인류가 넓은 태양계로 나가기 위한 다음 단계로 달의 둘레를 도는 우주정거장을 구축하겠다는 것이 새로운 흐름입니다.

하지만 화성 등 태양계의 다른 행성에 가려고 할 경우 달에 일단 들르는 것은 사실 에너지 손실에 지나지 않습니다. 그렇다면 달 궤도 위의 정거장이 이렇게까지 주목받는 이유는 무엇일까요?

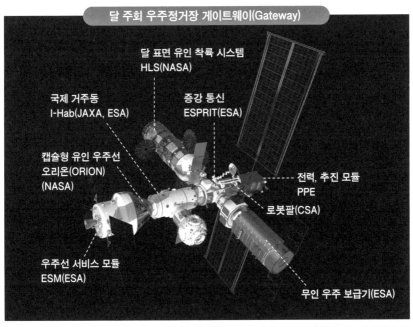

게이트웨이(구상도) | JAXA는 유럽우주기관(ESA)과 함께 국제 거주동 I-Hab에 탑재되는 환경제어, 생명유지시스템과 카메라 등을 개발할 예정이다(©ESA).

달 탐사를 지원하는 게이트웨이

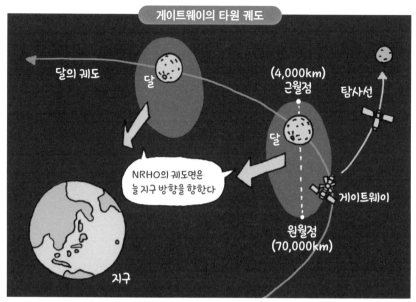

게이트웨이의 타원 궤도

달의 궤도

달

NRHO의 궤도면은 늘 지구 방향을 향한다

(4,000km) 근월점

달

탐사선

게이트웨이

원월점 (70,000km)

지구

타원 궤도 NRHO의 특성 | 지구와의 통신이 상시 확보되어 달 저궤도까지 수송비용이 훨씬 더 낮고 달의 남극 탐사 통신 중계로도 유리하다(출전 : JAXA의 웹사이트를 토대로 작성).

　달 궤도 위의 우주정거장이 주목받는 이유 중 하나는 태양계를 여행하기 위한 연습장입니다. 지구의 옆이면 며칠 안에 지구로 돌아올 수 있는데 태양계를 여행한다고 하면 몇 년이 걸립니다. 지구의 자기장이 보호해줄 수 없는 우주에서의 방대한 방사선은 유인 활동의 큰 걸림돌입니다. 인류는 지금까지 '국제 우주정거장(ISS)'에서 수많은 경험을 쌓았습니다. 하지만 다른 별에 착륙하거나 그곳에서 로켓을 발사하는 경험은 적기 때문에 연습이 필요합니다.

　또 다른 이유는 미래를 위한 달 자원의 이용입니다. 지구에서 여행을 떠나려면 거대한 로켓이 필요한데 중력 우물의 밑바닥(p.108)에 있는 지구에서 우주로 물질을 운반하는 일은 매우 효율이 나빠요. 그러나 지구의 중력으로부터 벗어난 달 표면을 시작 지점으로 하면 이 상황이 확 달라집니다. 달의 광물 자원을 사용해 우주선을 만들고 달의 물을 사용해 추진제를 삼으면 지구에서 운반하는 것은 확실히 크게 줄어듭니다.

3D 프린터로 만드는 달 표면의 건물

달 표면 기지의 상상도

달의 자원을 이용한다 | 분쇄한 달의 암석을 직접 이용해 자동 제어된 3D 프린터 등의 기계를 원격 조작해서 건설하려는 계획이다(ⓒICON/SEArch+).

    달에 있는 대부분의 암석은 지구에서 볼 수 있는 것과 비슷한 광물이며 원소로 보면 산소, 철, 마그네슘, 알루미늄, 규소, 티타늄 등 지상에서 매우 친숙한 물질이 많습니다. 하지만 이것들은 전부 서로 결합한 상태라서 분리하려면 대규모 공장이 필요해요. 그런 상황에서 3D 프린터는 기대되는 기술 중 하나입니다. 지상처럼 원소를 분리한 뒤 재료를 만드는 것이 아니라 암석을 분쇄해 이를 직접 이용합니다. 3D 프린터에는 또 하나의 강점이 있습니다. 지상의 공장에서는 자동차 부품, 건물 부자재, 우주선 탱크 등 다 다른 기계로 만듭니다. 지상과 똑같은 설비를 달에 갖추려면 엄청난 시간이 듭니다. 한편 3D 프린터의 경우 만드는 속도가 아직은 빠르지 않지만 장치 하나로 다양한 형상을 만들어낼 수 있기 때문에 아무것도 없는 상태에서 기지와 공장을 만들기 위해서는 안성맞춤이에요.

라그랑주 점에 우주 공장을 만들자!

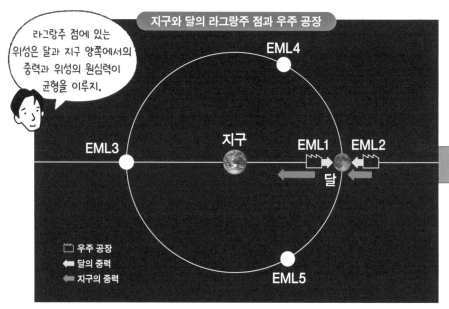

지구와 달의 라그랑주 점과 우주 공장

> 라그랑주 점에 있는 위성은 달과 지구 양쪽에서의 중력과 위성의 원심력이 균형을 이루지.

EML4

EML3   지구   EML1   EML2   달

🏭 우주 공장
⬅ 달의 중력
⬅ 지구의 중력

EML5

EML(Earth-Moon Lagrangian point) | 지구와 달에서의 중력과 원심력이 균형을 이루는 장소를 말한다. EML 1~5까지 있다. 또 라그랑주 점은 태양 지구계 등 모든 계에 존재한다.

달의 자원을 이용해 우주에서 '우주선 만들기'도 생각할 수 있습니다. 달에서는 재료만 운반하는 것은 어떨까요? 원료가 분말 등일 경우 달에서의 발사 로켓 형상에 맞춰서 자유롭게 채워 넣을 수 있고 로켓의 진동 대책을 신경 쓰지 않아도 될 거예요.

우주에서 물건을 제작하는 일은 당연히 지상과는 전혀 다릅니다. 중력과 공기 저항의 영향으로부터 벗어났을 때 지금까지 생각하지도 못한 참신한 우주선이 탄생할 게 확실해요.

우주 공장을 어디에 지으면 좋을까요? 공장에는 지구 및 달에서 물자를 보낼 텐데 어느 쪽에서든 가기 쉬운 장소에 지어야 합니다. 그런 이상적인 장소가 SF 소설에서도 자주 등장하는 라그랑주 점(EML)입니다. 지구와 달과의 위치 관계를 유지한 상태로 지구를 도는 특별한 5개의 점이며 EML 1부터 EML 5까지 이름이 붙어 있습니다. 이중에서 가장 사용하기 편리한 것이 지구와 달 사이에 있는 EML 1과 달의 뒷면에 있는 EML 2입니다. 지구에서나 달에서도

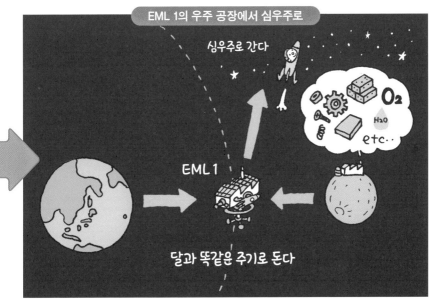

EML 1의 우주 공장 구상 | 지구에서의 통신을 고려하면 우주 공장에 가장 적합한 것은 EML 1이다. 이곳이라면 엄청 큰 태양전지 패널을 접지 않고 만들 수도 있다.

접근성이 뛰어납니다.

지구에서는 라그랑주 점에 사람과 음식물과 정밀기기를 보내고 달에서는 구조용 자재와 추진제를 운반합니다. 그리고 그곳의 우주 공장에서 중력과 공기 저항에 얽매이지 않는 우주선을 조립해서 태양계로 여행을 떠난다고 생각해 보세요. 이보다 더 가슴 설레는 세계가 또 있을까요?

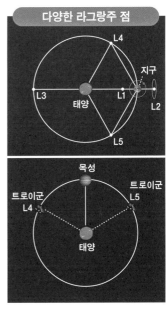

위) **태양과 지구의 라그랑주 점** | 차세대 '제임스 웹 우주망원경(p.25)'은 2021년 12월 25일에 L2에 도착했다.
아래) **태양과 목성의 라그랑주 점** | L4와 L5 부근에 트로이군 소행성이 위치한다.

이온 엔진으로
소행성에 가자

소행성은 '하야부사'나 '하야부사 2'의 탐사로 유명해졌습니다. 달
보다 훨씬 멀리에 있는 행성을 탐사하는 것은 매우 어렵지만 지구
탄생의 비밀에 다가가기 위한 도전은 계속되고 있습니다. 전기의
힘으로 나아가는 '이온 엔진'은 소행성 탐사선의 강력한 '장점'입
니다.

소행성에 가는 게
힘든가요?

 ## 소행성대를 향해서 심우주로

달을 항구로 삼아 태양계로 나가서 가장
먼저 어디로 향하면 좋을까요? 지구와 이웃
하는 행성인 금성이나 화성도 좋은 장소입
니다. 하지만 가장 적당하고 흥미로운 천체
가 바로 소행성입니다. 작은 것은 수백 미터
이하, 큰 것은 수백 킬로미터에 달하며 전체
개수는 수백만 개라고 합니다.

소행성 중에서는 소행성대라고 불리며 소
행성이 많이 모여 있는 화성과 목성 사이의
영역이 유명합니다. 하지만 태양계는 엄청나
게 넓기 때문에 무작정 소행성대로 간다고
해도 소행성을 만날 확률은 거의 없습니다.

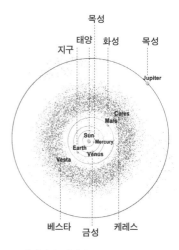

소행성대의 위치 | 화성과 목성 사이에
존재하는 소행성대. 소행성 베스타와
준행성 케레스는 NASA의 탐사선 '던
(Dawn)'이 탐사에 성공했다(ⒸNASA/
McREL).

게다가 처음에는 소행성대에 속하지 않는 '떠돌이 소행성'을 노립니다. 이중에는 지구 근처를 날고 있는 것도 있기 때문에 그런 것을 목표로 삼으면 금성이나 화성보다 훨씬 더 쉽게 갈 수 있습니다. 소행성에는 장점이 또 하나 있습니다. 만약 천체에 내려가려고 할 경우 화성 등 무거운 행성에서는 중력을 이겨내며 천천히 내려가느라 고생하지만 중력이 약한 소행성이라면 비교적 편하게 내려갈 수 있습니다.

그럼 소행성에 가면 어떤 재미있는 일이 있을까요? 사진으로 보기에는 단순히 커다란 바위라는 느낌이 들며 대기나 구름으로 가득 찬 행성과 비교하면 뒤떨어져 보입니다. 그러나 이 '대기가 없는' 점이야말로 소행성의 가장 큰 매력입니다. 대기가 없고 지각의 활동도 없는 소행성은 태양계 탄생 당시의 정보를 아직까지 갖고 있을 가능성이 있어요. 소행성은 태양계의 타임캡슐이나 마찬가지랍니다.

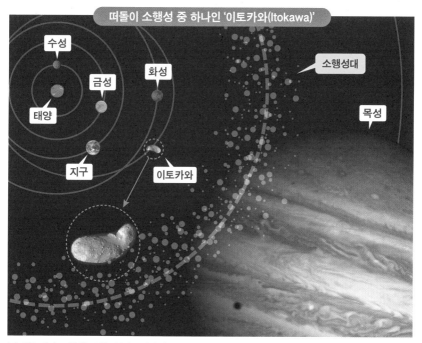

떠돌이 소행성 중 하나인 '이토카와(Itokawa)'

수성
금성
화성
소행성대
태양
목성
지구
이토카와

'하야부사'가 도착한 소행성 '이토카와' | 소행성대에 속하지 않는 '떠돌이 소행성'이며 긴지름은 500미터를 넘는다. 언젠가 지구에 충돌할 가능성도 있는 '잠재적으로 위험한 소행성' 중 하나이다(ⓒNASA, ⓒJAXA).

'하야부사'가 해낸 세계 최초의 소행성 표본 채취 캡슐 회수

소행성 탐사선 '하야부사'

태양전지 패널

저속 통신 안테나

고속 통신 안테나

태양 센서

화학 엔진(12기)

샘플 채집 장치

영화로 본 적 있어요!

이온 엔진(4기)

● 질량 500kg
● 전력 1~2kW

심우주 탐사에 이온 엔진을 사용한 세계 두 번째 사례 | '하야부사'는 지름 10센티미터의 이온 엔진 4기를 탑재했다. 마이크로파 방전식은 내구성이 뛰어나서 4기 누계 4만 시간의 우주 비행 실적을 자랑했다(ⓒJAXA).

　　소행성에 갔다 온 탐사선으로 말하자면 '하야부사'와 '하야부사 2'가 유명합니다. '하야부사'를 예로 들어 먼저 그 모습을 살펴보겠습니다. 전체 무게는 500킬로그램이며 경자동차보다 한층 더 작은 느낌입니다. 양쪽으로 펼쳐진 태양전지 패널이 유달리 눈에 띄는데 지구 부근에서는 최대 2킬로와트의 발전 능력이 있습니다. 상부에는 고속 통신용의 커다란 안테나가 있으며 눈에 띄지 않지만 본체 위의 몇 군데에 저속 통신용 안테나 여러 개가 있습니다. 또한 궤도를 변경하거나 제어하기 위한 로켓 엔진으로 이온 엔진과 화학 엔진이 있습니다. 그리고 하부에는 소행성의 암석을 채취하는 장치가 달려 있습니다.

　　하야부사 시리즈의 특징은 뭐니 뭐니 해도 소행성의 암석을 '가지고 돌아온다'는 고난도 미션이에요. 앞에서 소행성에 가는 것이 쉽다고 말했지만, 그것은 '가기'만 할 때의 이야기입니다. 거기에다 '갔다가 돌아온다'가 되면 이야기는 달라집니다. 사실 예전에 미국이나 러시아에서도 우주 탐사의 대부분은 편도였으며 지구에 돌아오지 않았습니다. p.48에서 알려준 로켓 방정식에서 목적으로 하는 ΔV가 늘어나면 필요한 추진제가 급증하는 것을 생각해 보세요. 왕복은 두 배가 아니라 몇 배나 힘든 과정입니다. 이 때문에 하야부사 시리즈는 스윙바이(p.118)와 이온 엔진(p.119)이라는 무기 두 가지를 구사했습니다.

이토카와에서 채취한 미립자

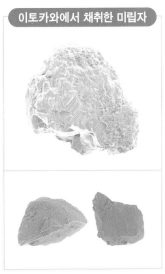

위) 머리카락 굵기 정도의 미립자 (폭 약 50㎛) | 이토카와의 수십억 년 역사를 해독하는 열쇠로서 해석이 진행되고 있다. 아래) 물을 포함한 미립자 (폭 약 2㎛) | 세계 최초로 물 검출에 성공한 소행성의 시료(전부 ⓒJAXA).

하야부사의 궤도

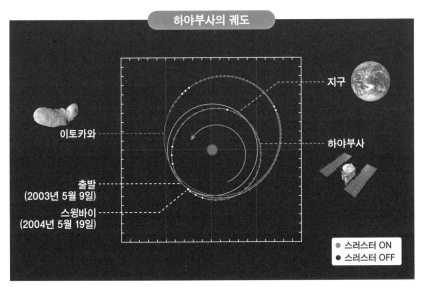

엔진과 스윙바이의 병용 | 이온 엔진으로 가속하고 지구를 이용한 스윙바이(p.118)를 실시하여 소행성 이토카와로 향하는 타원 궤도에 들어서는 데 성공했다. 세계 최초의 기술을 실제로 증명했다.

'하야부사'가 구사한 무기 2가지

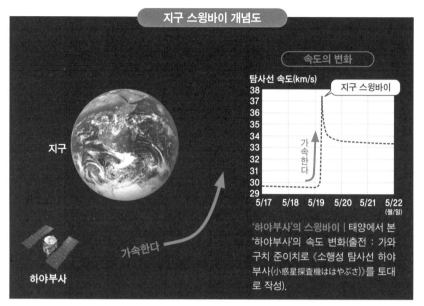

지구 스윙바이 개념도

속도의 변화

탐사선 속도(km/s)

지구 스윙바이

지구

가속한다

하야부사

가속한다

5/17 5/18 5/19 5/20 5/21 5/22
(월/일)

'하야부사'의 스윙바이 | 태양에서 본 '하야부사'의 속도 변화(출전 : 가와구치 준이치로 《소행성 탐사선 하야부사(小惑星探査機ははやぶさ)》를 토대로 작성).

지구의 인력과 공전을 이용해 가속한다 | '하야부사'가 지구에 접근한 5월 19일에 가속했으며 그 후 33.4km/s로 안정되지만 스윙바이 전과 비교해서 3.8km/s나 가속했다.

첫 번째 무기인 스윙바이는 행성의 중력을 이용해서 탐사선을 가속하는 방법입니다. 가속의 원리는 뒤에서 설명하기로 하고, 그 핵심은 행성의 근처를 지나가서 궤도를 크게 구부러뜨리는 것입니다. '하야부사'는 지구에서 출발해 1년 동안은 지구에 비교적 가까운 곳을 비행했습니다. p.117의 궤도 그림을 보면 지구의 원보다 오른쪽 아래로 조금 어긋난 원이 '하야부사'의 1년째 궤도입니다. 그 후 다시 한 번 지구에 접근했을 때 지구의 중력으로 진로를 크게 바꿔서 소행성 이토카와로 향했습니다.

'하야부사'의 두 번째 무기인 이온 엔진은 전기의 힘을 사용하는 전기 추진 로켓입니다. 전기의 힘을 사용하면 연소 10배의 속도를 달성할 수 있습니다. 즉 연비가 매우 좋고 또 태양전지는 늘 발전할 수 있으므로 오랜 시간 그 에너지를 받아서 물체를 가속합니다.

이온 엔진으로 궤도를 변경하려면?

'하야부사'에서는 지구 스윙바이와 이온 엔진을 조합했습니다. 지구를 떠난 '하야부사'는 그 상태로는 1년 후에 지구에 가장 가까이 접근할 수 없습니다. 조금 어긋난 궤도를 비행하는 것을 이온 엔진으로 조금씩 수정해서 1년 후에 가장 가깝게 접근했습니다. 이 1년 동안 이온 엔진이 달성한 궤도 변환량이 스윙바이로 단숨에 해방됩니다. 스윙바이 후 '하야부사'의 궤도는 이토카와 의 궤도에 접근하여 다시 이온 엔진을 사용해 궤도를 이토카와에 맞췄습니다 (p.117).

1. 이온 엔진을 사용하지 않은 경우의 궤도

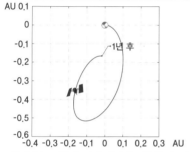

그 상태로는 지구에 가장 가깝게 접근할 수 없다 | 태양과 지구의 위치에 대한 '하야부사'의 위치로 나 타낸 궤도 추측도. 지구 스윙바이를 실시할 수 없다.

2. 이온 엔진으로 궤도 변경

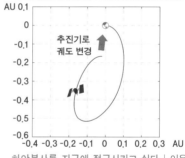

하야부사를 지구에 접근시키고 싶다 | 이온 엔진을 사용해서 궤도를 변경하면 지구 스윙 바이를 실시할 수 있다.

3. '하야부사'의 궤도 변경

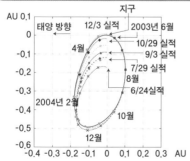

'하야부사'의 실제 궤도 | 이온 엔진으로 궤도를 변경해가며 서서히 지구 궤도에 맞아가는 모습 을 보인다.

지구 스윙바이를 하고 싶어서 이온 엔진을 사용해 지구에 접근시켰어.

화성에 대해서 좀 더 알고 싶어요

화성은 지구의 옆에 있는 행성이며 탐사차를 사용한 조사로 그 모습이 밝혀지고 있습니다. 지구에서의 거리는 달의 600배로 꽤 멀기 때문에 화성에 도착하는 것만으로도 힘듭니다. 또한 탐사차를 화성 표면에 보내려면 화성의 중력에 저항하며 천천히 내려가야 합니다.

화성은 어떤 별이에요?

🚀 지구의 고도 30킬로미터와 같은 환경의 화성

화성에서 찍은 지구와 달(2003년 5월 8일 촬영) | 지구의 흰 부분은 미국 대륙의 구름이며 달 하부의 밝기는 분화구 '티코'에 기인한다(ⓒNASA/JPL-Caltech/Malin Space Science Systems).

화성은 먼 옛날 지표에 물이 흐르고 생명이 존재했을 수 있다고 생각되는 행성입니다. 화성의 크기는 지구보다 훨씬 작으며 지구보다 큰 궤도를 천천히 돌고 있기 때문에 1년의 길이는 687일로 지구의 두 배 가까이 됩니다. 한편 지구와 거의 똑같은 속도로 자전하므로 하루의 길이는 지구와 비슷해요.

지구와 마찬가지로 대기가 있는데 그 농도는 지상의 100분의 1로 매우 낮습니다. 대기라는 옷을 입지 않고 태양에서 떨어져 있기 때문에 평균 기온은 영하 60도 정도로 추운 행성이에요.

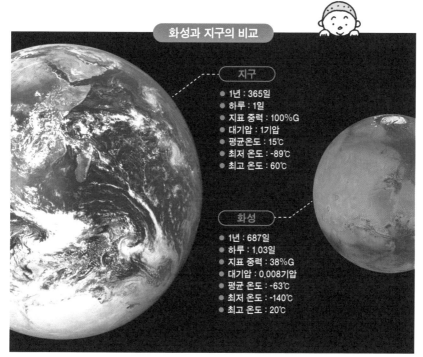

화성과 지구의 비교

지구
- 1년 : 365일
- 하루 : 1일
- 지표 중력 : 100%G
- 대기압 : 1기압
- 평균온도 : 15℃
- 최저 온도 : -89℃
- 최고 온도 : 60℃

화성
- 1년 : 687일
- 하루 : 1.03일
- 지표 중력 : 38%G
- 대기압 : 0.008기압
- 평균 온도 : -63℃
- 최저 온도 : -140℃
- 최고 온도 : 20℃

화성과 지구의 하루 | 화성은 지구와 비슷한 속도로 자전하며 하루의 길이는 거의 같다. 앞으로 인류가 화성으로 이주했을 때 생활 리듬을 무너뜨리지 않아도 될 것 같다(©NASA).

이렇게 보면 화성에서 생활하는 것은 현실적이지 않은 것처럼 느껴지는데 지구의 옆에 있는 금성과 비교하면 훨씬 조건이 좋습니다. 금성의 크기는 지구와 거의 똑같으며 확실한 대기도 있습니다. 그러나 그 대기의 압력은 지구의 100배이며 온도는 400도로 튀김 기름보다 더 높아요. 지구로 말하자면 심해 수천 미터의 열수 분출공* 부근에 가까운 환경이랄까요? 이에 비하면 화성이 훨씬 좋은 환경입니다.

화성의 대기

고도(km)

화성 대기 : 지구의 고도 30km에 해당

에베레스트, 비행기

압력(atm)

지구의 100분의 1기압 | 화성의 대기는 지구의 질소와 산소와 달리 대부분이 이산화탄소로 이루어진다.

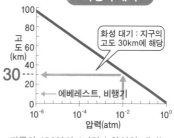

화성은 지구와 비교해서 대기가 희박하기 때문에 열이 대기에 잘 빼앗기지 않아. 그래서 영하 63도라고 해도 지구에서 느끼는 추위와는 다를 거야.

*열수 분출공(hydrothermal vent) : 뜨거운 물과 가스가 지하에서 솟아나오는 굴뚝 모양의 구멍으로 1977년 해저 2500미터에서 처음 발견되었다. -역주

1단계 : 지구의 중력을 탈출하려면?

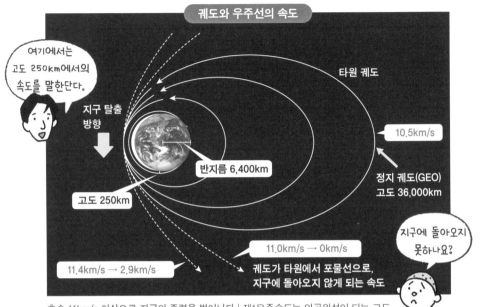

궤도와 우주선의 속도

여기에서는 고도 250km에서의 속도를 말한단다.

타원 궤도

지구 탈출 방향

반지름 6,400km

10.5km/s

정지 궤도(GEO)
고도 36,000km

고도 250km

11.0km/s → 0km/s

지구에 돌아오지 못하나요?

11.4km/s → 2.9km/s

궤도가 타원에서 포물선으로,
지구에 돌아오지 않게 되는 속도

초속 11km/s 이상으로 지구의 중력을 벗어난다 | 제1우주속도는 인공위성이 되는 고도 300km에서의 최저 속도 7.7km/s(p.49)를 말한다. 제2우주속도는 지구의 중력을 탈출하는 속도이다.

화성에 가려면 먼저 지구의 중력 언덕에서 벗어나야 합니다. 오른쪽 그림과 같은 크고 넓은 구덩이를 연상해서 그 밑바닥에 있는 유리구슬을 밖으로 튕겨내는 방법을 생각해봅시다. 유리구슬이 어떤 속도를 갖고 있으면 언덕 중간에서 원을 그리며 계속 구를 수 있습니다(p.15 그림의 유리구슬과

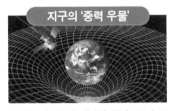

지구의 '중력 우물'

가파른 언덕에서 완만한 곡면으로 | 모든 우주선이 극복해야 할 벽이다. p.108의 그림 참조(ⓒNASA).

똑같다). 이 유리구슬의 속도를 크게 하면 그리는 원은 커집니다. 구덩이에서 튀어나와 밖에서 딱 멈추는 속도를 제2우주속도라고 합니다. 그리고 속도를 더 크게 하면 유리구슬은 힘으로 구덩이를 벗어납니다. 이것이 지구 탈출입니다. 예를 들어 고도 250킬로미터에서 11.4km/s의 속도까지 올리면 지구에서 2.9km/s로 멀어집니다.

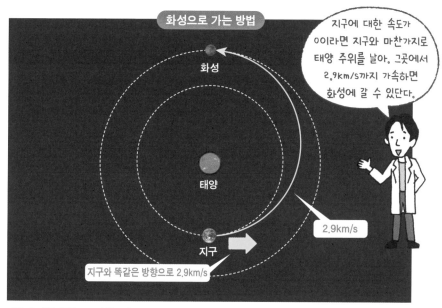

화성으로 가는 방법

화성

지구에 대한 속도가 0이라면 지구와 마찬가지로 태양 주위를 날아. 그곳에서 2.9km/s까지 가속하면 화성에 갈 수 있단다.

태양

2.9km/s

지구

지구와 똑같은 방향으로 2.9km/s

지구의 진행 방향으로 지구보다 2.9km/s 빠르게 | 화성의 궤도는 타원에 가깝기 때문에 타이밍에 따라 '2.9km/s'라는 값은 변화한다. 2.9km/s는 평균적인 화성의 위치를 고려한 경우의 값이다.

지구의 중력에서 벗어난 후에는 시점을 태양 주위로 바꾸세요. 지구는 태양의 주위를 30km/s라는 속도로 돌고 있습니다. 어떤 속도로 지구에서 멀어지는 것은 지구의 속도에 그 속도를 더한다는 뜻입니다. 속도를 더하는 방향은 가속하는 장소에 따라 선택할 수 있으며 그 방향을 지구와 똑같은 방향으로 하면 탐사선은 지구가 그리는 원보다 큰 타원을 그리며 태양 주위를 돕니다. 이때 2.9km/s의 속도를 가지면 화성 궤도에 닿습니다.

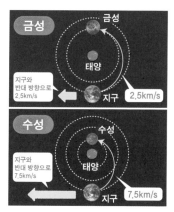

금성

금성

태양

지구와 반대 방향으로 2.5km/s

지구

2.5km/s

수성

수성

태양

지구와 반대 방향으로 7.5km/s

지구

7.5km/s

위) 금성에 가려면? | 속도의 방향을 지구와 반대로 해서 타원을 작게 하며 금성으로 향한다.
아래) 수성에 가려면? | 금성으로 향할 때의 속도보다 더 큰 속도로 지구와 반대 방향으로 간다.

🚀 탐사 방법은 크게 세 가지

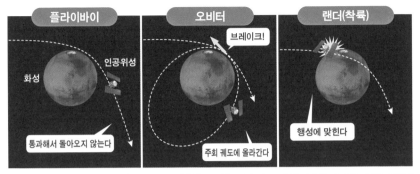

촬영을 위한 탐사 방법 | 가장 단순한 탐사방법이며 고속으로 통과하는 점과 기회가 한 번뿐이다.

여러 번 관측할 수 있는 탐사 방법 | 탐사선이 목적하는 행성의 위성이 된다. 플라이바이가 한창일 때 급브레이크를 건다.

직접 관측할 수 있는 탐사 방법 | 고이즈미 박사가 캡슐 회수에 참여한 '하야부사'는 지구에 착륙했다.

탐사선이 화성에 접근했을 때 탐사선의 속도는 화성의 속도보다 느리기 때문에 탐사선에서 보면 화성이 접근해오는 상태입니다. 이때 탐사선과 화성의 (태양계 스케일로 보면) 위치관계를 약간 조정하는데 이 조정하는 방법에 따라 행성 탐사에는 탐사 방법 3종류가 있습니다. 탐사선이 화성의 옆을 통과하게 하면 화성의 중력으로 궤도가 바뀌는 것만으로 탐사선은 통과한 채 돌아오지 않습니다. 이 순간에 관찰하는 것이 첫 번째인 '플라이바이'입니다. 다음으로 화성을 통과하는 순간에 브레이크를 걸면 탐사선을 화성의 중력으로 붙잡을 수 있습니다. 이것이 화성 주위의 인공위성이 되며 장기적으로 관측할 수 있습니다. 이러한 탐사선이 두 번째인 '오비터'입니다.

탐사선은 또 화성 표면에 아슬아슬하게 닿는 상태로 조정해서 그 후에 대기 저항이나 역분사를 사용하면 화성 표면에 착륙할 수 있습니다. 이런 착륙기가 세 번째인 '랜더'입니다.

이 조사 방법 세 가지는 무엇을 조사하고 싶은지 목적에 맞춰서 선택됩니다. 플라이바이는 주로 촬영, 오비터는 장시간 관측, 랜더는 지상 탐사차(로버) 등에서 채용됩니다.

화성의 암석을 조사하는 '큐리오시티(Curiosity)'

화학 분석 카메라 (ChemCam)

100mm 고해상도 카메라(NAC)

내비게이션 카메라 (NavCams)

고속 통신 안테나

로봇팔

드릴

팔, 카메라, 레이저를 구사한다 | 2012년에 화성에 착륙했다. 화성 생명체의 존재에 다가가는 성과를 거뒀다. '퍼서비어런스'(p81)가 착륙한 후에도 이동했다(ⓒNASA/JPL-Caltech).

화성에 착륙하는 일은 매우 힘듭니다. 먼저 탐사선은 탐사선과 화성의 속도 차에 더해서 화성의 중력에 따른 가속을 받아 고속으로 화성 대기에 돌입합니다. 이때의 대기 저항 때문에 생기는 대량의 열을 히트 실드(열차폐*)로 끝까지 견딥니다. 열이 일단락되면 낙하산으로 감속한 후 로켓 엔진을 역분사해서 한층 더 감속해 제자리 비행(호버링, hovering)을 진행합니다. 마지막으로 크레인을 사용해서 탐사차를 천천히 지표로 내리면 완료입니다. 이렇게 해서 탐사차는 간신히 화성 탐사를 시작할 수 있습니다.

탐사차 착륙

착륙기 '스카이 크레인'과 '큐리오시티' | 전부 자율 주행이다. 착륙에 필요한 시간은 약 7분이지만 화성과 지구의 통신 시간은 10분 이상 걸린다(ⓒNASA/JPL-Caltech).

*열 차폐(히트 실드, heat shield) : 열 차폐는 열을 발산해 외부 광원으로부터 과도한 열을 흡수하는 물질을 보호하기 위해 설계된다.

거대 가스 행성과 생명의 가능성

목성은 태양계 중에서 가장 큰 행성입니다. 지름은 지구의 11배!
지구 밖 생명의 존재가 기대되는 위성 유로파 등 흥미가 끊이지
않는 거대 가스 행성입니다. 그 거대한 중력에 따른 '스윙바이'의
위력은 엄청 크며 태양계 밖으로 떠나는 출발점이기도 합니다.

여기에서도
스윙바이가 나오네?

 ## 태양계에서 가장 큰 행성

목성은 태양계에서 가장 큰 행성으로 지름은 지구의 11배이며 크기는 내부에 지구가 1,300개가 들어갈 정도입니다. 목성을 포함해서 그보다 바깥쪽에 있는 태양계의 행성(외행성)은 어느 것이든 크기가 커서 토성의 지름도 지구의 약 10배, 천왕성과 해왕성의 지름도 약 4배입니다. 이 외행성들은 태양으로부터 멀리 떨어진 것도 특징입니다. 화성보다 안쪽에 있는 행성(내행성)은 지름 5억 킬로미터의 원에 위치해 있는 것에 비해 목성에서 해왕성까지의 외행성은 지름 90억 킬로미터의 원에 뿔뿔이 흩어져 있습니다.

목성의 모습에서는 그 아름다운 마블 무늬가 시선을 끕니다. 이 무늬는 구름의 흐름 때문에 나타납니다. 그중에서도 특히 눈에 띄는 큰붉은점은 태풍과 같은 존재라고 추측됩니다. 그러나 이 태풍은 지구보다 크기가 큰 데다 상세한 관측이 시작된 후부터 200년 가까이 계속되고 있어서 지구의 계절적인 태풍과는 전혀 다를지도 모릅니다. 또한 최신 목성 탐사선 '주노(Juno)'가

찍은 목성 남극의 사진은 여러 가지 소용돌이가 꿈틀거려 매혹적이었습니다 (p.137).

구름의 움직임이 특징적이라는 점에서 목성은 지구와 닮았다고 할 수도 있지만 크게 다른 점은 육지가 없다는 점입니다. 이 구름들을 양쪽으로 밀어 헤치며 내려가도 육지에는 도달하지 않습니다. 이는 토성도 마찬가지여서 목성 및 토성은 거대 가스 행성이라고 불립니다. 한편 별의 내부에 어디까지 내려가면 초고압 액체 수소와 금속 수소의 세계가 펼쳐져서 그 가장 깊은 부분에는 고체의 핵이 있다고 예측됩니다. 하지만 이런 것은 지구로 말하자면 맨틀이나 핵에 해당하는 존재이며 바다와 육지라는 개념과는 전혀 다릅니다.

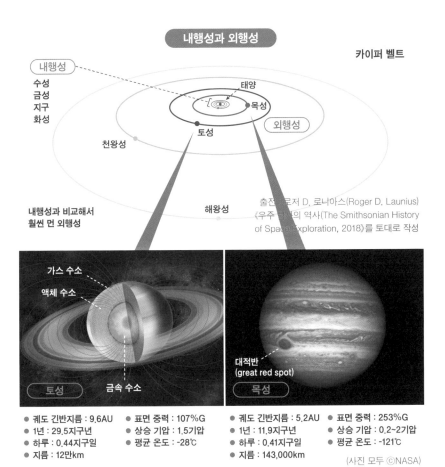

내행성과 외행성

카이퍼 벨트

내행성

수성
금성
지구
화성

태양

목성

외행성

토성

천왕성

내행성과 비교해서
훨씬 먼 외행성

해왕성

출전 로저 D. 로니아스(Roger D. Launius)
《우주 탐사의 역사(The Smithsonian History of Space Exploration, 2018)》를 토대로 작성

가스 수소

액체 수소

토성

금속 수소

대적반
(great red spot)

목성

- 궤도 긴반지름 : 9.6AU
- 1년 : 29.5지구년
- 하루 : 0.44지구일
- 지름 : 12만km
- 표면 중력 : 107%G
- 상승 기압 : 1.5기압
- 평균 온도 : -28℃

- 궤도 긴반지름 : 5.2AU
- 1년 : 11.9지구년
- 하루 : 0.41지구일
- 지름 : 143,000km
- 표면 중력 : 253%G
- 상승 기압 : 0.2~2기압
- 평균 온도 : -121℃

(사진 모두 ⓒNASA)

물의 분출이 관측된 위성 유로파

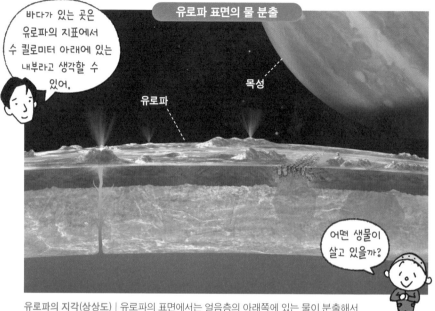

바다가 있는 곳은 유로파의 지표에서 수 킬로미터 아래에 있는 내부라고 생각할 수 있어.

유로파 표면의 물 분출

목성

유로파

어떤 생물이 살고 있을까?

두근 두근

유로파의 지각(상상도) | 유로파의 표면에서는 얼음층의 아래쪽에 있는 물이 분출해서 그 얼음의 표면에 염화나트륨이 발견되었다(ⓒNASA/JPL-Caltech).

　목성이나 토성에서 최근 주목을 받고 있는 것은 위성인데, 그 중에서도 목성의 위성 유로파Europa와 토성의 위성 엔셀라두스Enceladus(p.138)입니다. 이 위성들은 지구 바깥 생명체가 존재할 가능성이 가장 높다고 여겨집니다. 그 근거는 물입니다. 달에도 물이 있을지 모른다는 이야기를 했는데(p.101) 많은 암석 중에 약간 포함되어 있다는 이야기였습니다. 한편 유로파나 엔셀라두스에는 물의 바다가 있어서 그곳에 생명이 존재하지 않을까 추측됩니다. 그러나 바다라고 해도 표면에는 없습니다. 태양에서 멀리 떨어진 이 별들의 표면은 매우 차갑고 즉시 얼고 맙니다. 바다가 있다고 추측되는 곳은 지표에서 수 킬로미터 아래쪽에 있는 내부입니다. 이른바 태양의 빛이 닿지 않는 심해와 같은 장소인데 지구에서도 심해의 열수공* 부근에서 생태계가 구축되었듯이 유로파나 엔셀라두스의 심해에도 생명이 존재할 수도 있어요.

*열수공 : 해양 5~25℃의 따뜻한 물 또는 270~380℃ 되는 뜨거운 물이 수 km의 지구 표면에서부터 스며 나와 바닷물 속으로 나오는 해양 지역.

탐사선 주노

탐사선 갈릴레오

왼쪽) 기술자가 조정 중인 '주노' | 고성능 태양 전지를 탑재하여 목성보다 먼곳에서 처음으로 원자력전지로부터 벗어났다.(ⒸNASA).
위) 마지막에는 목성에 돌입한 '갈릴레오' | 태양광이 약한 장소에 가기 위해서 기체가 거무스름하며 원자력으로 발전한다(ⒸNASA).

이렇듯 목성이나 토성의 탐사는 매우 인상적이면서도 매력적이지만 실제로는 지금까지의 탐사 횟수는 얼마 되지 않습니다. 적은 이유는 무엇일까요? 단순히 너무 멀기 때문에 큰 장벽 두 개가 있습니다. 첫 번째 장벽은 전력입니다. 인공위성이나 탐사선의 생명선인 전력은 태양전지로 만들어졌습니다. 그러나 태양에서의 거리에 따라 발전 능력은 크게 떨어져서 지구 부근과 비교해서 발생 전력은 목성에서 4퍼센트, 토성에서 1퍼센트로 급감합니다. 두 번째 장벽은 도달에 필요한 가속량이 큰 점입니다. 화성과 같은 방법으로 토성에 가려고 한다면 지구 출발 시의 속도는 15.2km/s에나 달합니다. 지구 저궤도(LEO)에 달한 후 7.4km/s나 되는 가속이 필요하면 운반할 수 있는 것은 매우 줄어듭니다.

실제로 지금까지 목성 주위를 돌며 관찰한 탐사선은 2대뿐으로 위의 사진에 있는 '갈릴레오'와 '주노'입니다.

스윙바이를 사용해서 토성으로

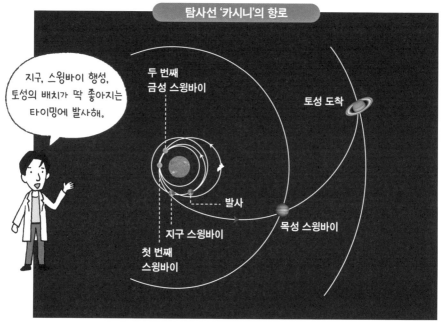

탐사선 '카시니'의 항로

지구, 스윙바이 행성, 토성의 배치가 딱 좋아지는 타이밍에 발사해.

두 번째 금성 스윙바이

토성 도착

발사

지구 스윙바이

목성 스윙바이

첫 번째 스윙바이

금성 스윙바이가 중요하다 | 지구에서 금성을 사용해 목성으로, 그곳에서 목표로 하는 토성에 가는 항로가 현재는 편한 방법이 되었다.

'갈릴레오'와 '주노'를 좀 더 비교해보면 분명히 다른 점이 태양전지 패널의 유무입니다. 갈릴레오는 태양빛을 사용하지 않고 원자력을 사용해서 발전합니다. 원자력은 태양 전력의 장벽을 극복하는 방법 중 하나(p.131)입니다. 하지만 원자력의 이용에는 수많은 어려움이 따르는 탓에 어쩔 수 없이 사용한다고 표현하면 좋을 거예요.

다음으로 유일한 토성 오비터 탐사선인 '카시니Cassini'를 살펴보겠습니다. 갈릴레오와 마찬가지로 원자력을 이용해서 발전합니다. 또 카시니가 토성에 도달한 궤도를 살펴보면 토성에 똑바로 가지 않고 오히려 지구 안쪽의 금성 궤도에 접근하고 있습니다. 이는 '하야부사'에서도 나온 스윙바이(p.118)를 이용했기 때문입니다. 이 스윙바이야말로 두 번째 장벽을 극복하는 방법이며 태양계 탈출의 핵심이라고도 할 수 있습니다.

원자력 전지를 사용해 가장 먼 우주로

'갈릴레오'나 '카시니'가 이용한 원자력을 사용한 발전 장치는 원자력 전지입니다. 플루토늄 238이라는 원자는 풀어놓으면 저절로 조금씩 우라늄234로 변화합니다(방사성 붕괴). 이때의 변화가 '핵분열 반응'이며 대량의 에너지를 방출합니다. 그 에너지의 일부를 열로 바꾸고 다시 그 일부를 전기로 바꾸는 것이 원자력 전지예요. 방출 에너지의 극히 일부만 전기로 바꿀 수 있기 때문에 똑같은 무게의 장치로 보면 발생 전력은 지구 부근에서 측정한 태양전지의 10퍼센트 정도입니다. 그러나 태양광의 세기에 의존하지 않아서 목성이나 토성에서는 태양전지보다 더 많은 전력을 만들어냅니다. 또 다른 특징은 수명입니다. 플루토늄이 서서히 우라늄으로 변화하기 때문에 이용할 수 있는 시간에는 한계가 있습니다. 하지만 88년을 사용해야 겨우 출력이 절반이 되므로 매우 수명이 깁니다.

발사를 위한 조정 | 1997년에 발사해서 2004년에 토성 궤도로 들어간 이후 2017년까지 탐사를 계속했다(ⓒNASA).

'카시니'에 탑재된 원자력 전지 | 원자력 전지는 그 밖에도 보이저, 율리시스 등의 탐사선에 탑재되었다(ⓒNASA).

스윙바이를 이용해
태양계 밖으로

지구에서 아주 먼 목성보다도 더 먼 토성. 탐사선 '카시니'는 그 토성의 링 '토성 고리'가 작은 얼음 입자라는 사실을 발견했습니다. 목성보다 훨씬 먼 천왕성이나 해왕성까지 가고 또 태양계를 벗어나려고 한다면 스윙바이에 의지해야 합니다.

토성보다 훨씬 멀리까지 갈 수 있어요?

스윙바이의 구조

　우주 탐사의 필살기라고도 해야 하는 '스윙바이'의 원리는 야구 배팅과 같습니다. 투수가 던진 공을 정확한 위치와 타이밍에 방망이를 휘둘러서 강력하게 튕겨내면 공은 투수가 던진 속도보다 더 빨리 야구장 밖으로 날아갑니다. 공을 탐사선, 방망이를 행성으로 바꿔 놓습니다. 하지만 공과 방망이는 직접 맞아서 튕겨 날아가는 데 비해 탐사선과 행성은 중력의 영향으로 튕겨 날아갑니다.

　3교시에 '플라이바이'라는 탐사방법을 소개했습니다(p.124). 탐사선이 행성 쪽을 통과하려고 하면 중력 때문에 궤도가 바뀌는 현상을 이용했습니다. 플라이바이와 스윙바이의 원리는 똑같아서 관측에 주목할 때는 플라이바이, 궤도를 적극적으로 변경할 경우에 스윙바이라고 합니다. 그 구조를 이해하기 위해서 옆의 그림처럼 왼쪽 아래에서 찾아온 탐사선이 목성의 중력으로 구부러져서 왼쪽 위로 날아가는 모습을 생각합니다. 이는 벽에 비스듬히 공을 맞춘

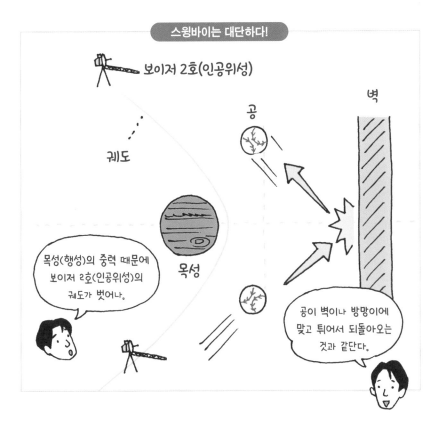

것과 같습니다. 단 멈춰 있는 벽에 공을 맞춰도 가속되지 않아요. 이쪽으로 향해 오는 벽(방망이)에 공을 맞추는 것이 중요합니다. 그렇게 하면 공은 벽의 힘을 받을 수 있습니다. 스윙바이나 플라이바이도 마찬가지로 이쪽으로 향해 오는 별을 향해 돌진해 휘두르게 하는 것으로 별에서 에너지를 조금만 받아서 가속합니다.

🚀 놀라운 '보이저 2호'의 궤적

탐사선 '보이저 2호'

기술자들이 정비하는 중 | 1977년에 발사된 '보이저 2호'는 태양계를 벗어나 항성간 우주에 들어간 두 번째 탐사선으로서 지금도 계속 비행하고 있다(ⓒNASA).

스윙바이는 수많은 탐사선에서 사용되어 왔지만 최대한으로 활용한 탐사선은 '보이저 1호, 2호(Voyager 1, 2)'일 것입니다. 1호는 목성과 토성의 스윙바이로 가속해 태양계를 벗어나 태양에서 가장 먼 곳에 도달한 인공물입니다. 2호는 연속 스윙바이를 구사해서 목성, 토성, 천왕성, 해왕성과 4개 행성의 플라이바이 탐사를 완수했습니다. 여기서는 보이저 2호의 스윙바이를 쉽게 설명하겠습니다. 먼저 지구에서 벗어나 p.135 그림의 커다란 노란색 타원 궤도를 올라탑니다. 중력의 언덕을 뛰어올라 앞으로 나아가다 목성에 도달했을 때에는 ②의 속도까지 내려갑니다. 여기서 목성에서 보면 보이저의 속도는 11.3km/s입니다(②'). 스윙바이에서 이 방향을 바꿔서 목성의 속도 13.0km/s에 추가하면 최종적으로 24.3km/s의 속도를 얻을 수 있습니다. 이 속도는 태양계를 벗어날 수 있는 속도입니다.

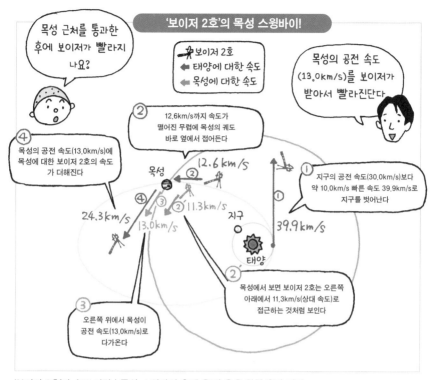

'보이저 2호'의 속도 이력 | 목성 스윙바이 후에 ②'와 ③을 합친 ④가 된다.

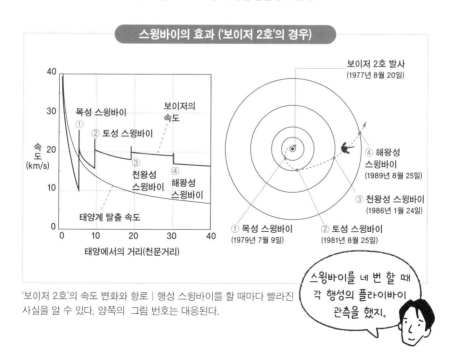

'보이저 2호'의 속도 변화와 항로 | 행성 스윙바이를 할 때마다 빨라진 사실을 알 수 있다. 양쪽의 그림 번호는 대응된다.

행성 궤도에서 멀어져서 자유로운 길로

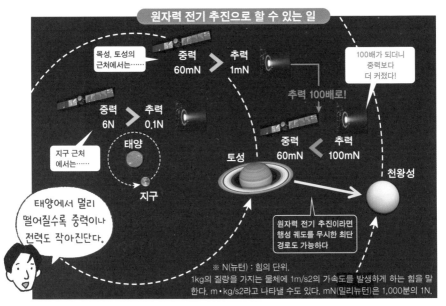

행성 궤도를 무시하는 항로를 나아간다 | 토성 부근에 가면 전기 추진의 힘이 중력보다 더 큰 상태가 되어 태양의 중력에 좌우되지 않고 자유롭게 탐사할 수 있다.

마지막으로 태양계에서 떠나기 위한 미래의 방법을 소개하겠습니다. 스윙바이와 원자력을 조합하는 것입니다. 하지만 앞에서 소개한 원자력 전지는 아닙니다. 많은 전력을 끌어내기 위해서 연쇄 반응을 이용한 원자로입니다. 즉 우주에 원자력 발전소를 들고 가서 이온 엔진 등의 전기 추진을 움직이는 거예요. 또한 스윙바이와 결합해서 이 원자로를 수십 년 동안 움직이면 태양계를 지금까지 볼 수 없었던 속도로 벗어날 수도 있습니다.

*노심(爐心) : 원자로에서 연료가 되는 핵분열성 물질과 감속재가 들어 있는 부분

소형 고속로 4S | 노심의 지름 1m, 30년 동안 연료 교체가 필요없도록 설계했다 (ⓒ도시바에너지시스템(주)).

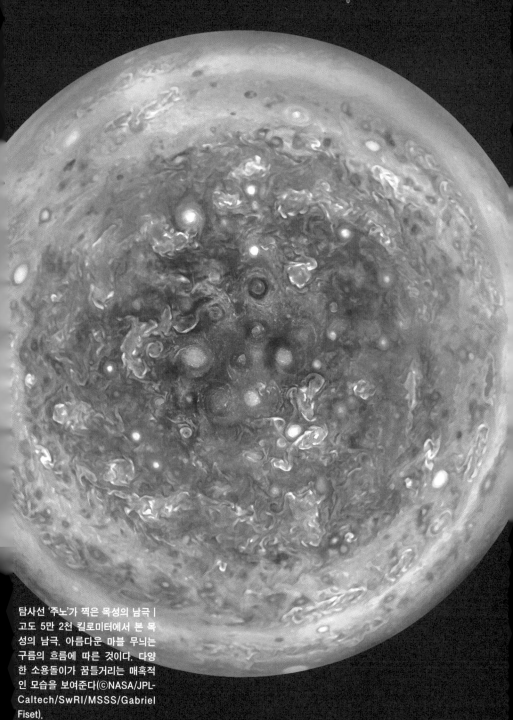

탐사선 '주노'가 찍은 목성의 남극 |
고도 5만 2천 킬로미터에서 본 목
성의 남극. 아름다운 마블 무늬는
구름의 흐름에 따른 것이다. 다양
한 소용돌이가 꿈틀거리는 매혹적
인 모습을 보여준다(ⓒNASA/JPL-
Caltech/SwRI/MSSS/Gabriel
Fiset).

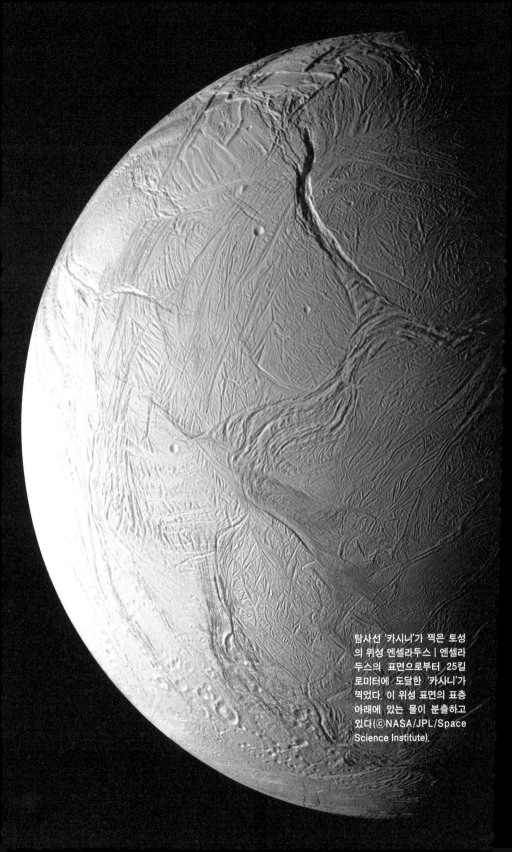

탐사선 '카시니'가 찍은 토성
의 위성 엔셀라두스 | 엔셀라
두스의 표면으로부터 25킬
로미터에 도달한 '카시니'가
찍었다. 이 위성 표면의 표층
아래에 있는 물이 분출하고
있다(ⓒNASA/JPL/Space
Science Institute).

5장

우주와 인간의 미래

지금 이 순간, 우주에 있는 인류는 '국제 우주정거장 (ISS)'에 탑승하는 6명 정도의 우주비행사뿐입니다. 그러나 가까운 미래에 우주 여행이 시작되면 우주를 방문하는 사람은 현저히 더 많아질 것입니다. 또한 초소형 위성 시대가 시작되어 우주 개발의 흐름이 달라집니다. 이미 다양한 분야의 새로운 주자들이 우주 개발에 참여하기 시작했습니다. '우주에서 일하는' 시대가 다가왔습니다.

우주비행사가 되고 싶어요!

두근두근

우주에서
일한다는 미래

달이나 화성을 비롯해 지구에서 멀리 떨어진 우주로 인공위성을
날려 보내거나 앞으로 유인 탐사를 할 때 달을 거점으로 한다고
이야기했습니다(p.109). 여기서는 우리가 지구를 떠나 우주에서
일하는 계획에 관하여 살펴보겠습니다.

저도 일할 수
있을까요?

 늘 달 근처에 1,000명이 일하는 사회

　현재 우주에 있는 사람은 '국제 우주정거장(ISS)'에 머물고 있는 우주비행사
여섯 명 정도뿐입니다. 여기서는 1천 명 규모의 사람들이 우주에서 생활하는
미래를 생각해 보겠습니다. 이 규모면 우주에 사람을 보낼 이유가 되는, 우주
만으로 독립적인 경제활동이 돌아가야 합니다. 경제의 중심은 우주 여행일 것
입니다. 단 1천 명 중 절반 이상은 관광을 뒷받침하는 일을 하기 위해 우주에
서 지내는 사람들이 아닐까요? 관광객은 전 세계에서 수백 명만 머물 수 있는
초고급 리조트(p.135)에서 숙박할 것입니다. 모든 면에서 현재의 ISS에 매우
화려하고 규모가 큰 설비가 필요할 듯합니다.

　미래의 우주 활동에서 가장 큰 난관은 지상에서 '지구 저궤도(LEO)'로 쏘아
올리는 일입니다. LEO에서 달 부근으로 이동하는 일은 비교적 적은 에너지로
할 수 있으므로 달의 자원 채굴(p.111)이 관건입니다. 즉 우주선 설계 및 조립
과 추진제는 달의 자원을 사용합니다. 활동 거점은 '정지 궤도(GEO)'나 '지구-
달 라그랑주 점(EML)'일 것입니다. 지구에서는 사람, 유기물, 정밀 부품을 보

내고 달에서는 물과 무기물을 끊임없이 수송합니다. 우주에서 사용하는 것을 달표면에서 만들어 로켓에 싣는 헛수고를 하기보다는 우주선을 궤도 위에서 만들고 수리도 궤도 위에서 실시하는게 유리합니다. 활동이 커질수록 '우주 쓰레기' 문제는 심각해지기 때문에 쓰레기 제거선도 날아다닙니다. 이처럼 궤도 간 수송이 많으면 추진제 급유정거장이나 우주 교통정리의 수요도 발생합니다. GPS 통신망을 달 권역까지 확대할 필요가 생길 것입니다.

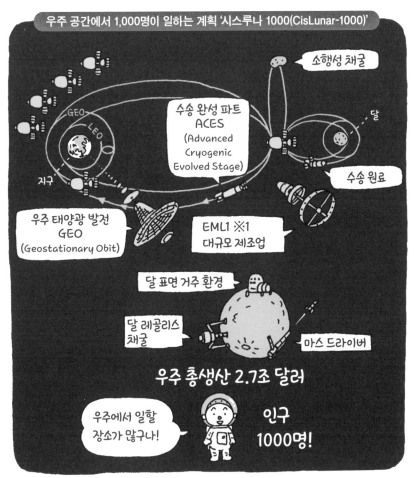

30년 후에는 '우주 총생산'이 2.7조 달러!? | 30년에 걸쳐서 조금씩 우주에 있는 사람 수를 늘리는 계획(출전 : United Launch Alliance 자료를 토대로 작성).

달의 물에 기대하는 차세대 로켓

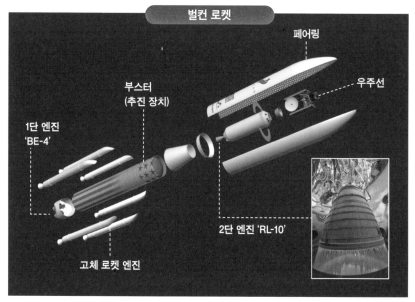

벌컨 로켓

페어링

부스터
(추진 장치)

우주선

1단 엔진
'BE-4'

2단 엔진 'RL-10'

고체 로켓 엔진

미국의 차세대 기간 로켓 | 2단 엔진 'RL-10'을 담당하는 회사는 우주왕복선의 주요 엔진(수소와 산소)을 만들어온 기업이다(©ULA, ©NASA).

'벌컨Vulcan 로켓'은 지구, 달 권역에서 '물' 추진제 이용을 예측해 개발된 신형 로켓입니다. 1단 엔진은 블루 오리진Blue Origin이 새롭게 개발한 'BE-4'이며 천연 가스와 산소를 사용합니다. 2단 엔진은 오래된 로켓 엔진 제조업체 에어로젯 로켓다인 홀딩스Aerojet Rocketdyne Holdings가 제공하는 'RL-10'입니다. 이는 수소와 산소의 고성능 엔진 기술을 사용하여 앞으로 극저온 수소를 장기간 보존할 수 있는 발전형으로 만들어 우주 공간에서의 지구와 달의 왕복선에 채용할 계획입니다.

액체 연료 엔진 'BE-4' | (위) 연소 시험 모습. (아래) 초음속류에 독특한 충격파인 쇼크 다이아몬드가 보인다(©Blue Origin).

유인 화성 탐사를 목표로 하는 대형 우주선 | 재사용할 수 있는 대형 로켓 '스타십' 시험기. 1단 로켓 '슈퍼 헤비'와 합해서 전체 길이 120미터이다(©SpaceX).

'팰컨 9'의 실적과 재사용 기술을 얻은 스페이스X가 다음에 계획하는 로켓은 초대형 '스타십 시스템'입니다. 2021년 현재 많은 사람들의 극찬을 받으며 시험 중입니다. 대형 엔진 '랩터Raptor' 37기를 탑재한 1단 '슈퍼 헤비Super Heavy'와 같은 랩터를 6기 탑재한 2단 '스타십Starship'으로 구성됩니다. 이 우주선의 목적은 유인 화성 탐사로 지구에서 직접 화성을 향합니다. 지구 저궤도(LEO)에 100톤이나 되는 짐을 운반할 능력은 달 표면 기지나 우주 공장 건설에도 위력을 발휘할 것입니다.

개발 중인 대형 엔진 '랩터' | 메탄과 산소로 구동하는 신형 엔진. 화성에서 조달한 메탄을 이용하는 것을 가정한다 (©SpaceX).

달이나 소행성의 채굴 '스페이스 마이닝'

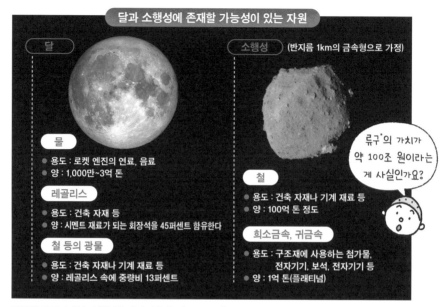

자원의 용도와 양 | 소행성의 데이터베이스 'Asterank'(https://www.asterank.com)에 따르면 2021년 6월 현재 류구의 가치는 약 100조 원으로 판단된다(ⓒJAXA, ⓒ도쿄대학교).

우주에서 독립된 경제 활동을 지속하려면 우주에서도 특히 달의 자원 채굴 '스페이스 마이닝Space Mining'이 필요합니다. 물의 존재(p.101)와 3D 프린터 (p.111)의 활용에는 이미 초점을 맞췄지만 실제로 실행하게 되면 수많은 물건과 사람들의 경험 등이 필요해 우주에서 일할 기회가 늘어날 듯합니다.

가장 먼저 달 표면의 자원의 지도를 만들어야 합니다. 엉터리로 채굴해봤자 아마 아무것도 찾지 못할 테니까요. 달 궤도에 있는 위성과 함께 달 표면을 전진하며 구멍을 파서 조사하는 로버가 데이터를 수집해야 합니다. 그때 통신, GPS, 에너지 공급 등의 인프라는 필수입니다. 특히 달의 밤은 길기 때문에(약 15일) 그동안의 대책은 중요합니다.

장소를 알고 나면 채굴을 진행합니다. 물의 양은 매우 적으므로 대량의 모래를 처리합니다. 노천 채굴로 파낸 모래는 물을 추출하는 동시에 종류와 크

*류구 : 류구는 근지구소행성(Near Earth Asteroid)인 동시에 지구위협소행성(Potentially Hazardous Asteroid) 으로서 일본 항공 우주 탐사 기관(JAXA)이 실시하는 소행성 탐사 프로젝트 하야부사 2호의 목표 천체이다.

기별로 분류해서 다시 3D 프린터에 사용하는 것, 시멘트에 섞는 것, 환원해서 금속이나 산소를 추출하는 것 등으로 나눕니다. 이런 자재들을 토대로 달 표면에서 사용할 건축물과 구조물을 만듭니다.

채굴한 대부분의 물은 수소와 산소로 분해해서 결국에는 로켓 엔진 추진제에 사용합니다. 하지만 수소는 극저온으로 하지 않으면 부피가 늘어나는 데다 쉽게 새는 성질이 있기 때문에 저장에는 적합하지 않습니다. 저장은 액체로 된 물로 하며 사용하기 직전에 전기 분해해서 분리합니다. 달 표면 발사에 이용하는 추진제 외에는 전부 궤도 위에서 전기 분해를 할 것입니다. 또한 달 표면에서 자재를 쏘아 올릴 때는 로켓 엔진이 아니라 레일건(Railgun, 고속으로 탄환을 발사하는 장치)도 효과적인 방법입니다. 지구에 비하면 필요한 속도가 작고 무인 자재 발사일 경우 가속도가 커져도 상관없기 때문입니다.

일본의 기업도 달 탐사 로버를 개발했어. 그 로버로 얻은 정보를 각 기관에 팔 수도 있단다.

달의 자원을 이용한 달 표면의 건축물

달 레골리스(지표의 퇴적물) 활용 사례(상상도) | 달 표면에서 물을 구하고 채굴한 대량의 모래는 물을 추출한 후에 종류와 크기별로 분류한다. 그 자료들을 토대로 달 표면에서 사용할 건축물과 구조물을 만든다(ⓒContour Crafting and University of Southern California).

손바닥 위의 우주 '초소형 위성'

스케일이 큰 우주로 가서 뭔가를 할 때 커다란 로켓과 우주선이 필요하다고 생각하지 않나요? 실제로 최근 매우 작은 '초소형 위성'이 우주를 비행하기 시작했습니다. 큰 인공위성에 비해서 많이 발사할 수 있기 때문에 외국에서는 중학생도 도전하고 있어요.

내가 들 수 있을 정도로 작나요?

놀이에서 연구, 그리고 산업으로

필자가 개발한 소형 엔진 | (위) 이온 엔진과 지름 약 2cm의 동전 / (아래) 자세 제어용 초소형 가스 엔진(ⓒ도쿄대학교).

'하야부사'에서의 귀환으로 일약 유명해진 이온 엔진에 대하여 3장 4교시에서는 '전기 추진' 중 하나로 소개했습니다(p.97). 전기 추진을 실은 전체 전기화 위성은 경량화되어 초소형 위성에도 적합합니다. 초소형 위성이란 100킬로그램 이하의 크기로 작은 것은 1킬로그램 정도입니다. 작은 만큼 발사 비용이 저렴하고 개발 기간도 짧아지기 때문에 도전하기 쉽고 '가치 있는 실패'를 반복해서 기술력을 높일 수 있습니다. 또한 연구를 진행하거나 우주와 관련된 사업의 증가로 이어질 수 있습니다.

사업 기회가 넘치는 분야

초소형 위성에 탑재하는 소형 이온 엔진은 저의 연구 주제 중 하나입니다. 2014년에 'H2A 로켓'으로 발사한 65킬로그램의 초소형 위성 '프로키온 (Procyon)'의 경우 지구에서 수백만 킬로미터나 떨어진 '심우주'에서 소형 엔진을 세계 최초로 작동시켰습니다. 이 우주 작동을 보고한 논문은 국제학회에서 최우수 논문상을 수상했습니다. 하지만 이 업적은 이미 '지나간 일'이 되었어요. 2018년에 NASA의 14킬로그램짜리 초소형 위성 '마르코(MarCO) (p.148)'는 화성 플라이바이의 궤도 조정에 가스 엔진을 사용하는 등 그 가능성은 점점 커지고 있습니다.

이러한 새로운 초소형 위성 개발의 흐름을 타고 매년 여름 미국에서 개최되는 소형 위성 업계 최대의 회의 '스몰 새틀라이트 컨퍼런스Small Satellite Conference'에 참가하는 회사 수는 계속 늘어나고 있습니다.

초소형 심우주 탐사선 '프로키온'

탑재한 초소형 이온 엔진과 가스 엔진을 사용하면 위성 자체로 궤도를 바꿀 수 있어.

Credit: NAOJ/ESA/Go Miyazaki

소행성을 목표로 심우주를 비행한다(상상도) | 도쿄대학교와 JAXA가 협력해서 만든 '프로키온'은 '하야부사2'의 'H2A 로켓'에 소형 부위성으로 함께 태워서 발사되었다(ⓒNAOJ /ESA /Go Miyazaki).

큐브를 조합한 '합승 로켓'

1U 큐브샛

왼쪽) 한 변이 10cm인 정육면체 | 1개를 단위 1U 로 한다. 무게는 1kg 정도. 까만 부분은 태양전지 (©NASA).

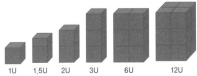

1U 1.5U 2U 3U 6U 12U

큐브샛의 종류 | 크기의 표준화로 개발 비용이 줄 어서 키트를 판매하는 기업도 생겨났다(©NASA).

1.5U 큐브샛 'EDSN'

루빅스 큐브 같네요.

8개로 기능하는 유형 | 상업 및 과학적인 연 구 목적으로 고도 400km의 궤도에 8기가 한꺼 번에 투입되었다(©NASA).

6U 큐브샛 'MarCO(마르코)'

화성 탐사선 '인사이트(InSight)와 제휴 | 2018년 에 화성에 도착했다. 큐브샛으로서는 처음으로 심 우주에서 작동하는 데 성공했다(©NASA).

한 변이 10센티미터인 정육면체형 우주선 '큐브샛(CubeSat)'은 새로운 우주 개발 시대를 여는 초소형 위성의 상징적인 존재입니다. 정육면체 한 개를 단 위 '1U'로 해서 표준화하고 그때까지 기업이나 연구소마다 독자적인 설계가 기 본이었던 우주 개발 세계에 표준 규격을 들여온 획기적인 우주선입니다. 크기 가 작기 때문에 개발 비용도 줄어들고 다른 기관의 큐브샛과의 합승도 가능해 서 1U당 몇 천만원 정도로도 쏘아 올릴 수 있습니다. 이 가격이라면 대학교나 일반적인 기업에서도 충분히 구입할 수 있습니다. 덧붙이자면 세계 최초로 우 주에서 작동하는 데 성공한 큐브샛은 2003년에 발사되어 가동 중인 도쿄대학 교의 'XI-IV'(p.99)입니다.

물 엔진으로 달의 라그랑주 점으로!

초소형 탐사선 '에클레우스(EQUULEUS)'

달의 뒷면에 있는 라그랑주 점(EML2)을 목표로 한다 | 초소형 물 엔진 '아쿠아리우스'를 궤도와 자세의 제어에 사용해서 태양-지구-달 권역에서의 궤도 조작 기술을 확립하는 데 도전한다(ⒸJAXA, ⒸNASA, Ⓒ도쿄대학교, 저자 작성).

우주선 엔진이 물로 움직인다고 하면 놀랍지 않나요? 물은 쉽게 구할 수 있고 취급하기 쉬우므로 누구든지 어디서나 사용하기 편한 점이 특징입니다. 우리 팀은 기화시킨 물을 가열하면서 배출해 추진력을 얻는 새로운 유형의 엔진, 초소형 '물' 저항 제트 추진 시스템 '아쿠아리우스Aquarius'를 개발했습니다(p.152). 이 엔진을 실은 6U 크기의 초소형 탐사선 에클레우스*는 2022년 하반기에 NASA의 SLS(p.61)에서 발사할 예정이며 목적지는 달입니다.

물 엔진 '아쿠아리우스' | 기화시킨 물을 가열하면서 배출해 '에클레우스'의 궤도와 자세를 제어한다(Ⓒ도쿄대학교).

이 작은 엔진을 제작하는 벤처 기업을 만들었어. 자세한 내용은 다음 시간에 알려줄게!

*에클레우스 : 아르테미스 1호에 실려 달궤도에 사출될 예정이었으나 2021년부터 계속 연기되었습니다. 2022년 9월 3일 연료 누출로 발사 실패되어 10월로 연기될 예정이라고 합니다. -역자

벤처기업이 담당하는
우주의 미래

2교시에 물로 움직이는 작은 우주선용 엔진을 만든 이야기를 소개했습니다. 이 획기적인 엔진에 관해서 좀 더 연구를 계속해가며 더 널리 사용할 수 있는 것을 목표로 벤처 기업을 설립했습니다. 멤버는 제 연구실에 있던 믿음직스러운 청년들입니다.

고이즈미 박사님이
회사를 만들었나요?

 ## 우주가 더욱 친근하게 느껴지는 사회를 만들자!

초소형 위성의 매력에 관해서 설명했는데 이제 막 사용하기 시작한 상태라서 미숙한 부분이 있습니다. 우주를 좀 더 친근하게 이용할 수 있는 사회를 만들려면 무엇이 필요할까요? 이는 복합적인 문제라서 어느 한 가지를 해결하면 모든 일이 잘 되는 것은 아닙니다. 하지만 그래도 품질, 통신, 엔진, 이 세 가지를 가장 큰 문제로 들 수 있겠네요.

먼저 현재 개발되고 있는 위성은 성공률이 낮은 것이 문제입니다. 위험 부담이 적다는게 이점이지만 실패만 거듭하면 도저히 사용할 수 없습니다. '저렴하고 빠른' 점을 유지해가며 품질을 향상시키는 것이 필수입니다. 다음으로 위성을 조종하려면 통신이 반드시 필요한데 여기에는 법률이 얽힙니다. 전파 발신에는 국내외를 불문하고 허가를 받아야 합니다. 그러나 이 절차가 복잡한데다 허가가 날지 확신하기 어려워서 이용에 큰 걸림돌이 되었습니다. 이 문제가 휴대전화를 계약하는 정도의 힘만 들어서 해결된다면 초소형 위성의 이용이 크게 발전할 것입니다.

초소형 위성이 할 수 있는 일을 좌우하는 '엔진'

초소형 위성은 다른 대형, 소형 위성과 함께 실어서 발사 비용을 절약합니다. 그러나 이는 정류장의 정해진 버스를 타는 것과 같아서 자신이 원하는 목적지로 정확하게 갈 수 없습니다. 그래서 정류장에 내린 후의 교통수단으로 엔진을 사용합니다. 또한 목적지에 도달해도 대기, 달과 태양의 중력, 태양광의 힘 등을 받아서 궤도는 서서히 어긋납니다. 이를 수정하는 것도 엔진입니다. 게다가 인공위성을 다 사용하고 나면 반드시 '버려야' 하는데 그때도 엔진은 필수입니다.

위성이 지구를 떠나서 달이나 행성을 탐사할 경우 탐사선이 회전하는 힘을 제어할 때도 엔진이 필요합니다. 지금까지 초소형 위성은 엔진을 탑재할 여유가 없어서 이런 일을 전부 할 수 없는 상태였지만 앞으로는 반드시 갖춰야 할 필수품입니다.

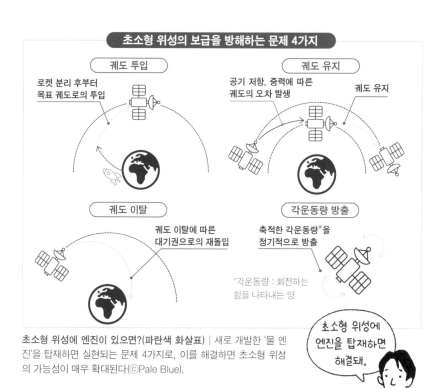

초소형 위성에 엔진이 있으면?(파란색 화살표) | 새로 개발한 '물 엔진'을 탑재하면 실현되는 문제 4가지로, 이를 해결하면 초소형 위성의 가능성이 매우 확대된다(ⓒPale Blue).

🚀 작은 엔진이 만드는 멋진 미래

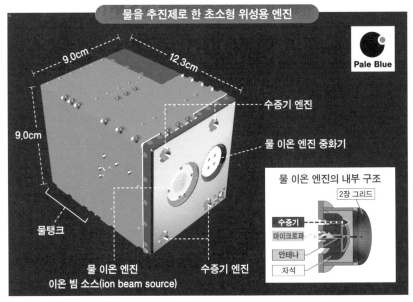

물을 추진제로 한 초소형 위성용 엔진

9.0cm

12.3cm

9.0cm

Pale Blue

수증기 엔진

물 이온 엔진 중화기

물 이온 엔진의 내부 구조

2장 그리드

수증기

마이크로파

안테나

자석

물탱크

물 이온 엔진
이온 빔 소스(ion beam source)

수증기 엔진

소형 통합 엔진의 3D-CAD 도면 | JAXA의 '혁신적 위성 기술 실증 3호기'에 탑재할 예정인 수증기 엔진과 물 이온 엔진의 통합 엔진. 오른쪽 아래 그림은 물 이온 엔진의 내부 구조(ⓒPale Blue).

엔진은 우주선에서 빠뜨릴 수 없는 존재입니다. 제가 속한 연구실을 포함해 대학에서 실시하는 연구와 개발은 그 가능성을 보여주긴 하지만 앞으로 필요한 많은 엔진을 공급하기에는 적합하지 않습니다. 그래서 저와 함께 엔진 연구 개발을 해온 학생들과 2020년에 소형 엔진을 개발하고 판매하는 벤처 기업 '페일 블루Pale Blue'를 설립했습니다. 우리 회사는 JAXA의 우주 실증 프로그램을 이용해서 2022년에 수증기 엔진과 물 이온 엔진을 조합한 통합 엔진을 우주에서 실제로 검증할 예정입니다.

소형 수증기 엔진을 탑재한 초소형 위성 'AQT-D' | 이 위성은 2019년 11월 20일에 ISS에서 방출되었다(ⓒPale Blue).

작은데 대단하네요!

세계 최초의 기술로 우주에서 활약할 수 있는 장소를 넓혀간다

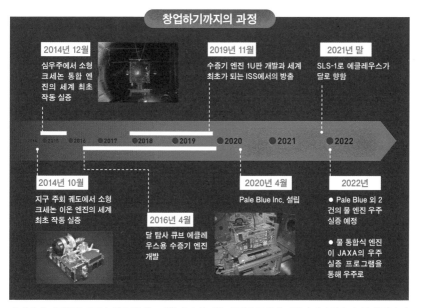

창업하기까지의 과정

2014년 12월
심우주에서 소형 크세논 통합 엔진의 세계 최초 작동 실증

2019년 11월
수증기 엔진 1U판 개발과 세계 최초가 되는 ISS에서의 방출

2021년 말
SLS-1로 에클레우스가 달로 향함

2014 · 2015 · 2016 · 2017 · 2018 · 2019 · 2020 · 2021 · 2022

2014년 10월
지구 주회 궤도에서 소형 크세논 이온 엔진의 세계 최초 작동 실증

2016년 4월
달 탐사 큐브 에클레우스용 수증기 엔진 개발

2020년 4월
Pale Blue Inc. 설립

2022년
● Pale Blue 외 2건의 물 엔진 우주 실증 예정

● 물 통합식 엔진이 JAXA의 우주 실증 프로그램을 통해 우주로

세계에서 인정받은 실적 | 창업 멤버는 대학에서 실시한 연구를 포함해 지금까지 수많은 소형 엔진의 연구 개발과 우주 실증을 실시하며 이 분야를 세계적으로 이끌어왔다(ⓒPale Blue).

'페일 블루Pale Blue'는 이제 막 시작한 기업이지만 이미 여러 가지 우주 프로젝트를 실행하며 인원수나 실시 규모가 엄청난 속도로 커졌습니다. 대학교 연구실에서 10년이 걸리는 일이 2년 안에 된다고 해도 과언이 아닙니다. 대학교에서는 교육과 연구가 중심이고 기타 방대한 학교 내부 업무와 정해진 규정 때문에 좀처럼 자유롭게 움직일 수 없습니다. 그런 점에서 벤처 기업은 목적을 위해서 만들어진 집단이므로 모든 힘을 목적을 위해서 사용할 수 있는 점에서 큰 차이가 있습니다.

우주를 무대로 일하는 건 재미있어!

벤처 기업 'Pale Blue' 창업 멤버 | 왼쪽부터 나카가와 유이치(中川悠一), 야나기누마 가즈야(柳沼和也), 아사카와 준(浅川純)(CEO). 그리고 오른쪽 끝이 저자인 고이즈미 박사(ⓒPale Blue).

Space Album

ISS에서 방출된 큐브샛 | 원래
학생이 경험을 쌓기 위해서 고
안된 작고 저렴한 초소형 위성
큐브샛은 우주 개발 현장에서
급속하게 존재감을 늘리고 있
다. 대형 컴퓨터에서 소형 컴
퓨터로 바뀌고 인터넷 시대가
온 것처럼 위성도 대형에서 소
형화가 진행되어 상업적 이용
이 활발해졌다(ⓒNASA).